つなぐ

100年企業5代目社長の葛藤と挑戦

能作千春
NOUSAKU CHIHARU

幻冬舎 MC

つなぐ
人と、地域と、能作。

ものづくりを支える職人たち

チャレンジ精神をもって伝統産業に轍をつける

揃いの作業着には木型をデザイン

呼吸を合わせ、全力を尽くし最高の製品を生み出す

多様な人材が集まることでイノベーションが生まれる

誇りをもって自分たちでつくった館内サイン

製品への愛が溢れる

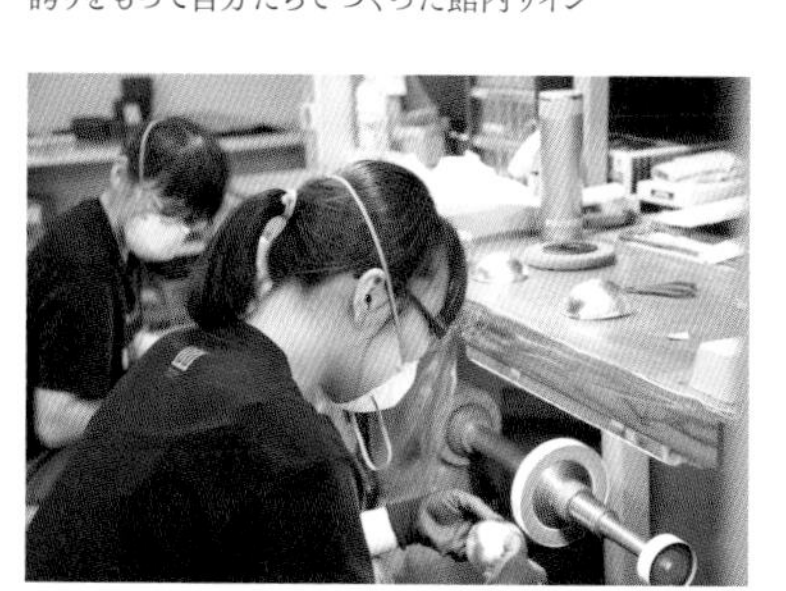

繊細に丁寧に、想いを込めて製品をつくる

仲間とともに、切磋琢磨し良いものをつくる

一型一型、丹念に鋳型をつくる

溶かした金属を鋳型へと流し込む

鋳物に向き合い、技術を磨く

経験と感覚がなめらかな曲線を生み出す

1000度を超える真鍮の溶解

全神経を集中し、ひとつの型をつくり上げる

砂の型をばらして中から鋳物を取り出す

一つひとつ丁寧に仕上げる

高岡の伝統技術と匠の技

伝統技術によってつくられる真鍮製の風鈴

素材とデザインにこだわった製品

酒の旨味引き立つ錫の酒器

熟練の技術で生み出されるしなやかなフォルム

錫の特性と落ち着いた輝きが高級感を生み出す

金箔の輝きがお祝いの席を華やかに演出

お菓子をより引き立たせてくれる

透き通った音色とデザインが魅力

器ごと冷え、冷たい飲み物との相性は抜群

いつもの料理がワンランクアップ

手づくりだから伝わる魅力がある

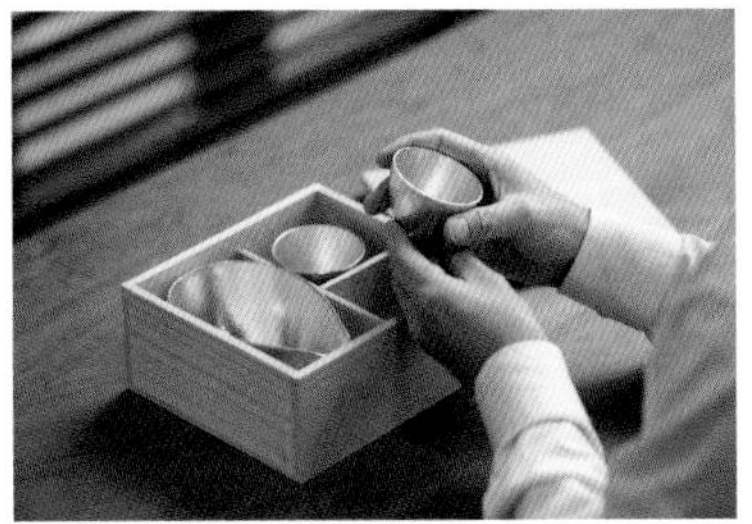
さまざまなシーンで贈り物として人気

酒の味わいをやわらかくまろやかに

用途によって変形できる代表製品「KAGO」

錫のテーブルウェアが食卓を華やかに彩る

アイデア次第でさまざまな形にアレンジできる「KAGO」シリーズ

年間13万人が訪れる能作本社工場　photo 車田保

富山の観光名所を紹介している「TOYAMA DOORS」

開放的な「IMONO KITCHEN」　photo 車田保

産業観光で地域をつなぐ

約2500枚の木型は、フォトジェニックな写真スポット　photo Koizumi Studio

富山県をかたどったスクリーンでプロジェクションマッピングも楽しめる　photo 車田保

本社でしか買えないオリジナル製品も　photo 車田保

象徴的な「能作のベル」はフォトスポットとしても人気

鋳物製作体験では、伝統的な生型鋳造法を体験することができる　photo 車田保

見て触れて食べて味わう能作の魅力

カラフルな食材が錫のお皿によく合う

職人の伝統技術を間近で見学

食を通じて幸せな時間を提供

アフタヌーンティーは女子会としても人気

五感で楽しむ展示コーナー

伝統を未来へと受け継ぐ

鋳物づくりの工程を興味深々に見つめる子どもたち

自分たちの町に、誇れる文化があることを伝えたい

好奇心旺盛な子どもたちから学ぶことも

職人から直接学ぶ夏休みの人気プラン「『いもの』を学ぼう！」

電車ごっこで工場見学

思いもよらない子どもたちの発想に驚かされることも

結婚10周年の節目を祝う錫婚式

美しさとやわらかさをもつ錫のようなご夫婦・ご家族の関係を願って

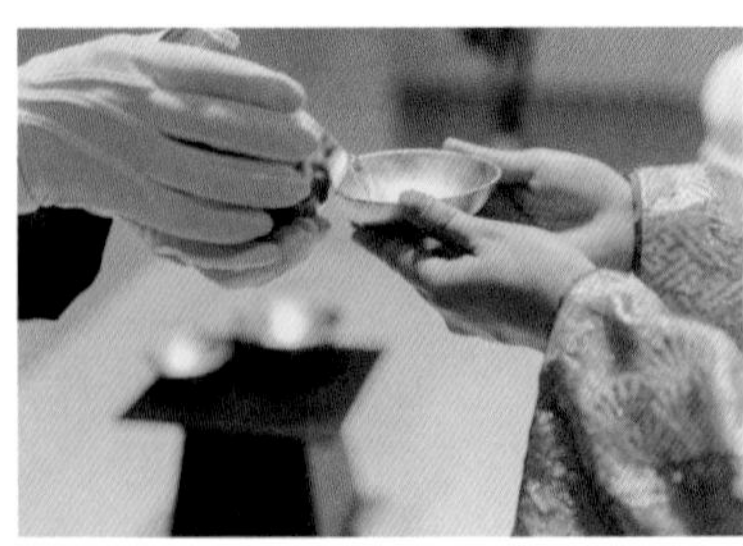

錫にちなんだ独創的なセレモニー

感謝と愛を伝えるかけがえのない時間

つなぐ

100年企業5代目社長の葛藤と挑戦

はじめに

伝統工芸の業界は厳しい状況におかれています。

一般財団法人伝統的工芸品産業振興協会の調べならびに経済産業省製造産業局生活製品課伝統的工芸品産業室の「経済産業省説明資料」によると、伝統的工芸品の生産額は１９８３年の５４０５億円をピークに、２０２０年には８７０億円へ減少しています。また、伝統的工芸品の従事者は１９７９年の28・８万人から、２０２０年には5・4万人にまで落ち込み、約40年の間に生産額、従事者数ともにピーク時の5分の1以下に減少しているのです。

従事者の高齢化も深刻な問題です。経済産業省製造産業局生活製品課伝統的工芸品産業室の「伝統的工芸品産業の自立化に向けたガイドブック」によると、伝統的工芸品の産地組合の組合員の平均年齢は、50～60代が全体の7割を占め、後継者の確保や技術の継承に苦悩している事業者も少なくありません。また、消費者ニーズを収集しての企画・開発が困難、産地の知名度やＰＲが足りないといった声も聞かれます。

一般社団法人日本工芸産地協会は、衰退の根本的な原因を「伝統」の名のもとマーケットの変化に対応できなかったことと考察しています。

２０２３年3月20日、私は父から会社を受け継ぐことになりました。１９１６年に富山県高岡市で創業した鋳物メーカーの5代目社長に就任したのです。

高岡は、１６１１年に加賀藩2代藩主・前田利長が町の繁栄を図るために鋳物師を招聘して以来、４００年以上の歴史をもつ「伝統的工芸品」（経済産業大臣指定）である「高岡銅器」の産地で、現在でも国内の銅器の9割以上がここで生産されています。

私の会社は創業当初より問屋の注文を受けて真鍮鋳物の仏具や茶道具、花器などの生地を納める下請け業者でした。その後、４代目の父の代で変革を試み、２００１年より、鋳造技術を活かしたデザイン性の高い真鍮のベルや風鈴といった自社ブランド「能作」製品の製造・販売を始めました。２００３年からは新しい素材として錫に着目、「錫１００％」の世界に例を見ないテーブルウェアが反響を呼びました。現在では直営店を国内外に16店舗運営し、百貨店やセレクトショップにも卸しているほか、国内外の星付きレストランなどで使用されています。

父は、2002年に社長に就任してから2023年に事業を承継するまでの約20年間で、売上を1・3億円から18億円に、社員数を7人から170人にまで拡大させました。

父は職人としての経験と技術、卓越したデザイン力を強みにマーケットの変化に敏感に対応し、イノベーションを起こしてきましたので、そんな父の後を職人としての知識も経験もない自分が果たして継承できるのかという不安はありました。一方で、トレンドや世間の話題に敏感に反応するという点では、私だからできることがあるのではないか、自分なりのイノベーションを起こしたいという思いを強くもつようになりました。実際、私がこの会社に入社して5代目社長に就任するまでの12年間で、いくつかの新しい事業を試みました。

例えば、職人の技術や伝統工芸の魅力をより多くの人に知ってもらうために、父と相談し、私が責任者として産業観光事業の運営にあたりました。本社工場で工場見学や鋳物製作を体験できる工房を設け、工場は年間来場者が13万人を超える富山県の観光名所になりました。錫の食器でメニューを提供するカフェレストランも併設し、幅広い方々に日本の伝統工芸を身近に感じてもらえるよう取り組んでいます。さらには旅行業登録をして旅行ツアーの企画・販売を開始したほか、自社が扱う素材である錫に注目し、結婚10周年を祝う「錫婚式」のブライダル事業を新たに生み出しました。今の時代に沿った伝統工芸の継承方法と、自社の強みを活かした社会の需要に応える事業とは何かを常に考え、挑戦し続けているのです。

これらの挑戦はまだ始まったばかりで、これからどのような試練に遭うか分かりません。ただ、危機的な状況にある伝統工芸の業界において私たちが何を思い、どんな挑戦をしてきたのか――これらを紹介することで、同業者だけでなく、後継者不足などさまざまな問題に悩むものづくり企業や中小企業の経営者とその後継者にとって、課題解決のささやかな助けになれば著者としてこれほどうれしいことはありません。

目次

ものづくり未経験、知識ゼロでもできるのは「人をつなぐ」こと

——徹底した現場主義で職人との対話を繰り返し、ものづくりの価値と意義を追求

第3章

「異業種とつなぐ」ことで伝統産業にイノベーションを

――製造業にサービス業を融合させて新たな価値を創造

第4章

職人の技に触れる工場見学会、地元の食材を楽しむカフェ、季節ごとのイベントで「地域とつなぐ」

――マーケットインの思考で地元のファンを拡大

第5章

人材育成、ブランディング、DX……5代目社長として「次世代とつなぐ」

――伝統産業を経営視点でアップデート

第1章

100年企業4代目社長の娘として、「伝統をつなぐ」葛藤と決意

――父への尊敬と業界未経験のコンプレックス

「実はうち、鋳物屋なんです」

きっかけは会社の先輩でした。神戸にあるアパレル通信販売の会社で働いていたときのことです。当時の私の仕事は通販誌の編集でした。洋服や小物など社内で企画し、デザインして開発した製品を年4回発行される雑誌にまとめるのが仕事です。

私は入社して半年経ったくらいで、先輩から企画のつくり方や商品の見せ方といった編集業務をＯＪＴで学んでいました。周りの先輩に恵まれ、また、編集の仕事が私の性格的に合っていたこともあって、仕事は毎日充実していました。

先輩たちは女性が多く、私の出身地である富山県高岡市と比べれば、神戸の女性にはおしゃれな人が多い印象でした。特に編集部は、流行しそうな商品がより魅力的に見える誌面を構成し、読者の購買欲を誘う記事をつくることに長けている人たちの集団です。先輩たちの磨かれたセンスに触れることが楽しく、ＯＪＴのメンターをしてくれた年上の先輩には、自分に似合う洋服を選んでもらったり、百貨店巡りに連れて行ってもらったりして、とてもお世話になっていました。

ある日、その先輩が三宮の雑貨店で見つけてきた商品を会社に持ってきました。花の形をした錫製のトレーです。「これ、おしゃれよね」と先輩が言うと、ほかの先輩社員も近寄ってきて「すてき、私も欲しい」「どこで売っていたんですか」と会話が盛り上がります。その声を聞いて私も近寄って見てみると、素朴ながらつくりが丁寧で、優しく輝くトレーです。

「これは……」と、ぴんと来ました。なぜなら、そのトレーは高岡で父がつくっている製品だったからです。

このときに初めて、私は実家が4代続く伝統工芸の鋳物メーカーで、先輩たちが熱い視線を向けているトレーは私の父がつくった製品であると伝えました。

「どうして言ってくれなかったの」と、驚いた先輩たちから質問を浴びながら、私はとても誇らしい気持ちになりました。センスが良く目が肥えている先輩たちが、父がつくった製品を称賛しています。その反応を目の当たりにして、私は父がつくったトレーがすばらしい製品であり、父が才能ある職人であることを初めて実感したのです。

私は、幼少期に何度も父の工場に行ったことがあります。学校が休みの日になると、事務仕事をする父の横で宿題をして、父が現場で作業をしている間は外で遊びながら終わるのを待ちました。幼いながらに父がどんな製品をつくり、鋳物がどのような工程でつくられているのかもなんとなく分かっていましたし、私が高校生の頃から父が錫製品をつくり始めたことも、話を聞いていて知っていました。

ただ、私にとっての家業は、父と年配の職人たちが金属を溶かしたり型に流し込んだりする地方の小さな工場というイメージしかありませんでした。それまでの私にとって鋳物の世界との接点は、「私が鋳物屋の娘である」ということに過ぎなかったのです。まさか職場の先輩がそんなに大きな興味関心をもつとは思わず、まさか父がつくっている製品が神戸で売っているとも思わず、家業について隠していたわけではありませんが、あえて言う必要もないし、言ったところで会話のネタにもならないだろうと思っていたのです。

職人としての父の偉大さを実感

その後も職場では、父がつくる製品のことがたびたび話題になりました。家族のことを褒められるのはやはりうれしいもので、私も家業のことが気になり始め、家業や父に対する認識も少しずつ変わっていきました。

父とは昔から仲が良く、私を含む3人姉妹（妹が2人います）を育ててくれたことへの感謝の気持ちがありますし、日々、家族の生活のために朝から晩まで仕事に励む父を親として尊敬していました。しかし、周りの先輩たちが父を褒め、私も父や職人たちがつくる製品の優れたデザイン性を理解するようになったことで、父を一人の職人として尊敬するようになっていったのです。

周りの先輩たちの関心は高く、商品カタログはないかと聞かれ、私は実家からカタログを取り寄せました。当時、父たちがつくる製品の販売ルートは百貨店や雑貨店、地域の問屋などで個別販売はしておらず、オンラインショップもＥＣモールでの販売もしていませんでした。そのため、社内の人や仕事で一緒になる人たちで注文したいと言う人がいれば、私が実家に連絡して製品を送ってもらい販売しました。

撮影などで出かける際には、いつもカタログを持っていき、合間の時間などにカタログを見せては、うちの実家でつくっているのだと話しかけました。私は営業も販売もやったことがありませんでしたが、家業に貢献できていることがうれしく副業のような感覚で販売を楽しむようになっていったのです。

久しぶりの実家、変わらない景色

実家に帰省したのは、それから2年ほど経った夏の日のことです。家業の製品や鋳物に興味がある同期の社員と、夏休みの旅行がてら、故郷の高岡に遊びに行くことにしたのです。

その日はたまたま現場の職人たち15人ほどでバーベキューを計画していたため、私たちも交ぜてもらうことになりました。職人たちは私が幼い頃から働いているベテランが多く、男性ばかりです。私にとっては親戚のおじさんのような人たちで、小学生の頃は休憩時間に一緒にアイスクリームを食べたり、父がマイクロバスで職人たちの自宅と工場を送迎していた際に、私も同乗して話したりすることもありました。

当時40代、50代だった職人は若くても50代半ば、年配の職人は60歳になっており、小学生だった私も20代になりました。「久しぶりだな、覚えているか」と声をかけられ、私たちは歓迎されて楽しい時間を過ごしました。年配の男性しか働いていないと思い込んでいた工場には30代の若い職人が3人も入社しており、私の幼少期の記憶とのギャップに驚きました。

鋳物工場というと、「3K」をイメージする人もいると思います。3Kとは「きつい」「きたない」「危険」というKのつく三語で表される仕事や職場を意味し、バブル時代に敬遠された業種の俗語として使われていた言葉です。

現実には、鋳造は体力が必要できつい仕事です。伝統的な鋳造方法では、砂でつくった鋳型に溶かした金属を流し込み、製品をつくります。鋳型は1つ10kgから重たいものでは20kgほどあり、それを職人1人あたり毎日50～80個つくります。小学生の体重と同等の鋳型を中腰になって持ち上げ、運びます。鋳型の砂の乾燥や真鍮を溶解する工程で出る煙や灰が風で舞って目に入ることで、手元が狂うのを防ぐため、夏でも冬でもエアコンを使えません。

さらに危険も伴います。真鍮の鋳造は1000度以上で溶解します。錫は融点が231・9度と低いのですが、それでも250度ほどまで溶かして型に流し込むので、気を抜くと火傷では済まない事故になります。

きたなさという点では、型づくりに使う砂があちこちに散り広がっていますし、私が働いている編集部のオフィスとは比べものになりません。また、鋳造過程では独特のにおいがします。砂の焼けるにおいや真鍮を鋳込む際の亜鉛のにおいは、幼い頃はあまり好きではありませんでした。そんな工場のにおいを漂わせて帰宅する父の印象が、今でも記憶に残っています。

バブル経済が生んだ偏見

私が生まれた1986年の日本はバブルの好景気に沸き、伝統工芸は徐々に時代に取り残されていきました。働き手は、その頃に絶好調だった金融業や不動産業を選び、大手企業は青田買いで若者を囲い込み、3Kといわれる鋳物産業にはほとんど人が来ませんでした。

また、世の中は真新しいものや、海外のトレンドや文化を取り入れたおしゃれなものを求めます。欧米のブランド製品も好まれ、父の会社がつくっていたような昔ながらの製品は古臭いイメージをもたれ、じわじわと売れなくなっていました。業界では倒産や廃業が相次ぎ、問屋の下請けとして仏具、茶道具、花器を製造してきた家業の経営も決して楽ではありませんでした。当時は専務だった父の年収も200万円足らずで、会社や業界に不安を感じた職人も少なくなかったのではと思います。

そんななか、工場見学をしたいと連絡してきた母子がいました。父は母子の要望に喜び、二人を現場に案内しました。ものづくりに興味をもってくれる人がいる、魅力を伝え、楽しさと価値を伝え、伝統工芸についてもっと知ってもらおう、そんな気持ちだったはずです。

しかし、その母親は、作業をしている父と職人がいる前で子どもに「勉強しないと、あのおじさんみたいになるわよ」ととんでもないことを言ったのです。

父は愚痴や文句などを一切言わないタイプですので内心の詳細までは分かりませんが、ショックを受けたに違いありません。伝統工芸は地域と一体となって成長する産業で、父も職人も高岡を盛り上げるためにものづくりに取り組んできました。しかし、自分や職人たちが誇りをもち、人生をかけて次世代に継いでいこうとしている伝統工芸をその町の住民が見下していたこと、通りすがりの人が軽口を叩くならまだしも、地元の人が悪い見本として捉えているという事実を突きつけられたのです。

父はこの出来事を境に、職人の地位を高め、地域の人たちに真の意味で評価される存在になろうと心に決めました。これまで以上に技術を磨くことはもちろん、工場見学の受け入れを大切にしながら、鋳物や伝統工芸の魅力、職人の実力を多くの人々に伝えていくことにいっそう力を入れるようになったのです。

楽しそうな光景

父は会社の社長であると同時に、職人歴が長い現場の長でもあります。ただし、一般的な職場の先輩後輩関係にあるような、技術を教えたり、できない人を注意したりすることはしません。職人は発想やインスピレーションを大切にし、新しいことに挑戦するものという職人育成の基本方針を掲げ、新しいことに挑戦しようとする人を否定することもありませんでしたし、むしろ応援してきました。

そのような環境で働いてきたこともあり、職人は皆いきいきとしています。バーベキューを囲み、食べたり飲んだりしながら笑い、ものづくりについて熱心に話しています。私や同僚には詳細はよく分かりませんでしたが、鋳造の技法や型のつくり方などについて議論し、「あの製品は型を改良すればもっと良い製品になるぞ」「この製品は仕上げ方法を変えると不良率が下がる」といった話で盛り上がり、その様子からものづくりを心から楽しんでいることが伝わってきました。そして、その中心に父がいます。職人たちの話を聞き、たまに冗談を言ったりして笑っています。

その様子を見ながら、「職人さんってかっこいい、ものづくりって楽しそう」と同僚が言います。私もまったく同じように感じました。

昔と比べて、何も変わらない雑然とした現場であるにもかかわらず、職人たちのいきいきとした表情が昔以上に輝いて見えたのです。私たちも通販誌という出版物をつくっていますが、ゼロから形を発想し、生み出していくものづくりとは違います。そこには深く追求したくなるデザインや技術の可能性があるのだろうと思いました。

また、父と職人が楽しそうに話をしている様子を見て、昔と変わっていないと気づきました。父は昔から仕事にとことん熱心で、毎朝午前4時に起きて現場に行き、夜中まで帰ってこないほど仕事に没頭していました。たまに工場に連れて行ってもらうと、真剣に型、炉、製品と向き合いつつ、職人たちと楽しそうにしていました。

あの頃からずっと変わらず楽しく仕事をしているのだなと思うと、父が夢中になっている鋳造の魅力を私も知りたい、もっとシンプルに言うと、私も仲間に加わって父の隣で楽しく仕事をしたいと感じたのです。

この日をきっかけに、私は自分の将来について深く考えるようになりました。今までは編集者として活躍したいと思い、家業にはまったく興味がなく高岡に戻ろうと考えたこともありませんでした。しかし、私の気持ちは揺らぎました。編集の仕事も職場も大好きですが、高岡で父とともにものづくりに携わるという選択肢もあるのではと思うようになったのです。

家業として受け継がれてきた100年の伝統については何も知りません。鋳物屋の娘ですが、鋳造したこともデザインの勉強をしたこともありません。会社を継ぐ、伝統を守るといった深いことも考えていませんでした。

製品が好きかというと、それも違う気がしました。おしゃれだなあ、よくできているなあとは思いますが、おしゃれなものはほかにも溢れるほどあります。私が魅力を感じていたのは、高岡という地方の小さな町にすばらしいものづくりの会社があるという事実です。頭の中にあるデザインを形にして世に送り出す技術とプロセスや、見た人、手に取った人が感動するものを手づくりで生み出しているという事実が魅力的で、そのことをもっと多くの人に知ってほしいと思ったのです。

3年目の決断

気づけば、会社に入って3年目になっていました。中途半端な気持ちで今の仕事を続けても私はきっと成長できないでしょうし、周りに迷惑をかけるかもしれないと考えを巡らせるうちに、それなら今が辞め時なのではないか、転機なのではないかと思うようになりました。

考えれば考えるほど高岡に戻れと言われているような気がしました。実は父も、もともとは新聞社に勤めるカメラマンでした。入社して3年後、結婚を機に退職し婿入りして4代目となるべく家業に入りました。そう考えると、3年を一つの区切りとして転機が訪れたのは偶然ではないように思いました。

そんなことも含めて、父に電話をかけたのは数カ月後のことでした。自分の気持ちと向き合い、私は高岡に戻ることを決心したのです。

「今の会社を辞めて、高岡に戻ろうと思う。入社させてもらいたいのだが、一緒に働いていいですか」

父に聞くと、いいんじゃないか、と二つ返事が返ってきました。電話のやりとりは実にあっさりとしたもので、短い電話で私は家業の一員になると決まったのです。

もともと父はああしろ、こうしろと言わない性格です。父は職人として最も脂が乗っている時期だったこともあり、後継者をどうするかといった話をしたこともありませんし、私たち3人姉妹に家業を継ぐ気があるか、鋳物の仕事や伝統の継承についてどう考えているかといった話も一度もしたことがありません。

あとになって、私が入社したいと伝えたときはとてもうれしかったと父から聞きました。3人姉妹のなかで、私は最も性格や考え方が父と似ています。父ほどではないにしても私も仕事が大好きで、こだわり始めると止まらない性格で、父娘ですので信頼関係もあります。そのような点を踏まえて、自分に似ていて信頼している娘が近くにいたほうが安心できそうだと考えたといいます。

当時、職場の先輩たちも高岡に戻ったほうがいいと思っていたそうで、それを知ったのは退職して10年以上経ってからのことでした。テレビ番組の取材を受けた際にかつての職場の先輩たちと一緒に食事をする機会があり、「編集者としての可能性を感じながらも高岡に戻るべきだと思っていた」と当時の心境を聞きました。

私としては、編集か鋳物か、岐路に立って迷っているつもりだったのですが、周りから見ると、私の表情や言動からは鋳物をやりたい、父や職人たちと一緒に仕事をしたいという思いがにじみ出ていたのかなと思います。

振り返ってみれば、そもそものきっかけは先輩が買ってきたトレーです。父のトレーが神戸で売っていたこと、たまたま先輩が見かけて、おしゃれだと感じてくれたことなどさまざまな偶然が重なり、私は家業に携わることになりました。どの歯車が一つ欠けてもこのような流れにはなっていなかったはずです。

そう考えると、これも運命なのかもしれないなあ、人生は面白いなあと思うのです。

第2章

ものづくり未経験、知識ゼロでもできるのは「人をつなぐ」こと

――徹底した現場主義で職人との対話を繰り返し、ものづくりの価値と意義を追求

知識ゼロからのスタート

編集の仕事を辞めて高岡に戻り、私は鋳物屋の従業員になりました。

まずは仕事の全体像をつかむところからスタートです。現場で職人たちと話しながら真鍮と錫の特質を教わったり、日本最大級の展示会「ギフト・ショー」の出展を手伝いながら商品名を覚えたり、ロットや掛け率とは何かを学び、家業がどんな仕組みで成り立っているのかを覚えていきました。

私が入社した2011年は、従来の問屋からの下請け仕事に加えて、自社ブランドの錫100％の製品が世の中に受け入れられて、会社の業績が伸び始めた時期でした。注文数が一気に増えて忙しくなっていたため、経験の浅い私でもできそうな仕事は何でもやりました。

取引先の一つは地域の問屋です。高岡に限らず、伝統工芸は問屋制度が一般的で、問屋が製品を企画し、私たちのような地場のメーカーや加工業者などが下請け業者となる構図です。下請け業者の工程管理、販売店の開拓、流通の管理などを担う問屋が中心となって舵を

従来より製造してきた仏具や茶道具、花器の数々

取り、職人が分業でものづくりし、地域全体として伝統工芸を守っているというわけです。

能作の職人たちがつくる製品も問屋に納め、着色、彫金などの加工を経て販売店に並んでいました。かつては、問屋からの注文もそれほど多くありませんでした。しかし、父を中心に職人たちが長年にわたって地道に努力を重ね技術を磨いてきた結果、きれいな鋳物をつくるようになったと評価が高まり、安定した注文をもらえるようになっていました。

販路拡大で注文数が増加

一方で、問屋を経由しない商流も少しずつ増えていました。自社ブランド製品の販売先です。

東京で自社ブランド製品の展示会（「鈴・林・燐」２００１年）を開いたことがきっかけとなり、セレクトショップなどでの取り扱いが順調に増えていました。前職の先輩が錫のトレーを見つけた三宮の店もその一つです。２００９年には東京・日本橋にある老舗百貨店に直営1号店を出店し、私の入社した頃には銀座の百貨店からも出店の声がかかっている状況でした。

問屋以外の販路拡大は、父が職人の地位向上を目的として始めたことでした。問屋からの注文を受けて下請けのものづくりをすることも大事ですが、そこに依存し過ぎると伝統工芸市場の縮小によって注文数が減るリスクがあります。職人がつくりたいと思うものをつくる機会もできませんし、言われるがままものづくりするだけでは、会社として自立し、発展する力が養われません。問屋からの注文に応え、技術を磨くなかで、父はデザイン面でも自分の発想を形にしたいと思うようになっていったのです。

そう考えた父は、２００１年から会社の新たな成長戦略として自社ブランド製品の開発に挑戦します。問屋からもらう仕事を大切にしつつ、一方でそれに頼らない販路開拓にも取り組みました。

地域の問屋や新たな販売先となった都市部の百貨店から次々と注文が届きます。現場では職人たちが注文の品を次々とつくり、仕上がった順に梱包して宅配便で送ります。

注文数が増える一方、現場や事務所のオペレーションは地方の町工場です。受注から生産、出荷の一連の流れが煩雑でした。そもそも当時はパソコンではなく、口頭や紙に書いて伝達するやり方で現場の生産状況を管理している状態でした。オペレーションを改善する時間も取れず、できることといえば、目の前の注文をこなすことです。早朝から夜遅くまでひっきりなしに鋳造、仕上げ、梱包、発送を続け、どうにかして受注残（未出荷の注文）を増やさないようにすることで精一杯でした。

改良を重ねて生まれたヒット商品

当時よく売れていたのが真鍮の風鈴です。真鍮は銅と亜鉛の合金で、トランペットなどの金管楽器の素材として用いられ、張りのある音色と美しい見た目が特長です。

真鍮の風鈴は、地金を溶解して鋳型に流し込み、形にして一つひとつ磨き上げます。職人の技術力の高さによって引き出された素材本来の美しさと透き通るような音色が、人々の心を惹きつける製品です。

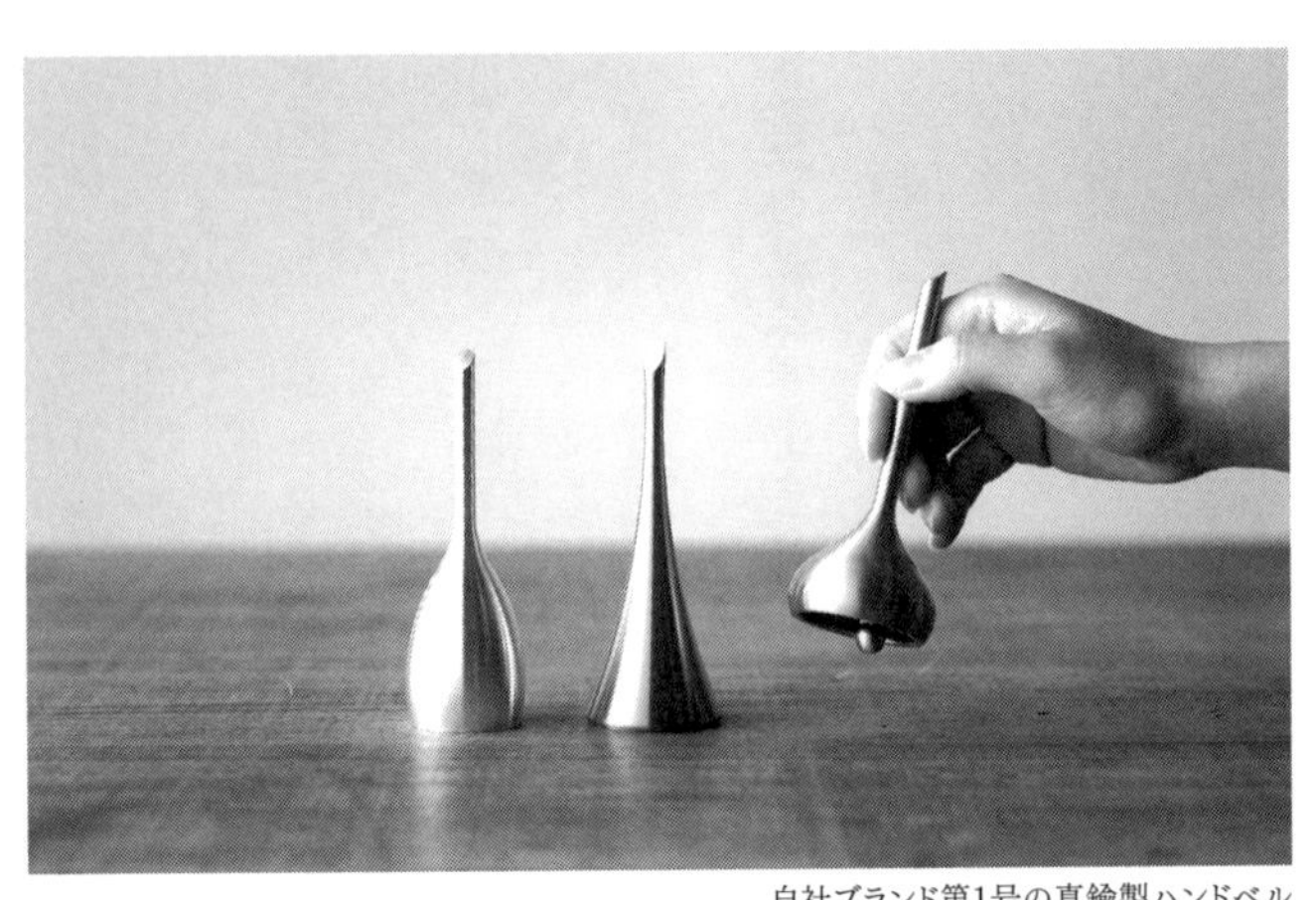
自社ブランド第1号の真鍮製ハンドベル

長年培った高い技術力で仏具や茶道具などを製造するなかで、この真鍮の風鈴が誕生し、月に1000個以上売れるヒット作になりました。
真鍮の風鈴は、もともとは自社ブランド第1号製品のハンドベルを改良した結果生まれた製品です。そのハンドベルは「鈴・林・燐」で披露したものです。会社が自信をもって発表した自社製品は、技術力やデザイン性の高さが評価され、問屋以外との直接取引が始まるきっかけになりました。しかし、売上は伴わず、セレクトショップに置いてもらったものの、販売数は3カ月で30個程度と振るいませんでした。父や職人たちの自信とは裏腹にヒット商品にはならなかったのです。
そんなとき、取引先の販売店員から、音色が良いからハンドベルを風鈴にリメイクしてはどうかとアドバイスを受けました。さっそく風鈴を試作して売り出すと、百貨店などから多くの注文を受けるようになったのです。

ハンドベルを製造した技術を活かして改良し、風鈴にリメイクできたことは会社にとって大きな意義がありました。私たちの会社は常に試作を繰り返し、改善点や足りない部分が見つかればさまざまな人の意見を柔軟に取り入れながら、より良い製品にできる技術力とデザイン力をもっています。根底にあるのは、失敗は悪いことではない、失敗を恐れて何もしないことのほうが悪いことだという考えです。

大切なことは革新のための挑戦を続けることで、たとえ途中でうまくいっていない時期があったとしても、これまで絶えず鍛錬と努力を重ねて培ってきた技術力を活かし、諦めずに継続していくことによって失敗は常に成功に変えることができます。

真鍮の風鈴は、そうしたことを示す象徴的な製品です。

快適な職場環境づくりに取り組む

私は、注文に対応して梱包や発送業務をしつつ、現場ではものづくりの工程について勉強を始めました。そこでまず感じたのは、現場の仕事は想像以上に体力勝負だということです。私が現場で学び始めたのは冬に差し掛かる頃でした。現場には空調設備がありません。寒いなか仕事に取り組む職人たちから鋳造のイロハを教わりながら、私は改めて厳しい環境だと感じました。

職人が少しでも快適に仕事に取り組める環境づくりについて、現場作業が素人の私でも何かできることはないか、考えてみようと思いました。それぞれの職人にとって、モチベーションが高まる職場環境にしていけば、良い製品が生まれ、会社やブランドの発展につながるはずです。まずは、私自身が現場の休憩時間である午前10時と午後3時にお茶入れ係をすることにしました。それぞれの職人から要望を聞いて、この人は緑茶が好き、あの人は冷たい烏龍茶が好きといったことを把握し、少しでも快適に働ける環境にしようと考えたのです。厳冬期に残業している職人がいれば温かいコーヒーを持っていき、真夏の暑い日には近くのスーパーマーケットに走ってアイスを買ってきました。

休憩時間は職人たちに混じり、雑談にも加わりました。私は創業家の一人で社長の娘でも、立場は新入社員です。会社の一員として受け入れてもらうためには現場に溶け込む必要がありましたので、お茶入れや休憩時間のコミュニケーションは良い機会になりました。

雑談や日常会話を何度も重ね、私が尊敬の気持ちをもって職人に接し、仕事に取り組んでいる姿勢が伝わることで、職人たちも同じ会社の仲間として認めてくれるようになりました。

奥が深いから熱中できる

職人たちと交流を深め、仲間意識を醸成するなかで、私は職人が仕事を楽しんでいるということに気づきました。また、会社や社長である父との信頼関係も強いのだと実感し、だからこそ長年にわたり仕事を続けているのだと思いました。こうしたことは決して当たり前のことではありません。最近はどの業界も転職が珍しくなくなり、私自身も編集者を辞めて家業の一員になりました。しかし、会社には私が幼い頃から勤めているベテラン職人が何人もいます。異業種と比べて職場環境の面で見劣りするような部分があるにもかかわらず、職人たちは辞めることなく、日々楽しそうに仕事に没頭しています。理由はなぜか、何が職人たちを惹きつけ、会社と職人をつないでいるのか、私は要因を知りたいと思いました。

まず思ったのが、仕事そのものの面白さについてです。どんな仕事も突き詰めていくと面白くなるのでしょうが、型の造型には造型の、鋳造には鋳造の、仕上げには仕上げの特有の奥深さがあり、職人はその魅力を理解しているのです。

ものづくりのどこに面白さを感じるかは人それぞれですが、18年の職人としてのキャリアをもつ父は溶解だと言い切ります。父はもともと新聞社のカメラマンで、入社当初は鋳造の素人でした。しかし、現場でものづくりしていくなかで、仕上がりの美しい鋳物をつくるためには金属をいかにきれいに溶解するかが重要であると気づき、以来、溶解の技術向上に熱中するようになったそうです。

形を失った液体が再び形をもつようになること、自分の思いどおりの形になること、思うようにできないことも、それはそれで発見であり、どうしたら満足のいく鋳造ができるか試行錯誤することが、作業としても結果としても面白いというのが父の考える鋳造の魅力です。

また、溶かす、固める、形にするという点では錫も同じですが、錫は溶解時の温度や鋳込む際の速度が重要になるので、満足できる溶解と鋳込みを職人たちは日々、懸命に追求しています。鋳物づくりはおいしい料理をつくる過程と同じで、アクを抜くように丹念に不純物を取り除いていきます。溶解の作業にかけた手間が製品に見事に反映され、父によれば、そこに鋳造の本質があり、それが鋳造業の醍醐味なのだといいます。

山は高いから登りたくなる、子育てと同じで手をかけるから楽しいしかわいいといった話も父から聞き、奥の深さを感じると同時に、職人気質である父のような人にしか分からない魅力があるのだとうらやましくも思いました。

父はあらゆることにこだわるタイプで、カレーをつくるとなると鶏ガラを買ってきてだしからつくり、複数のスパイスの調合を始めます。ベーコンをつくるときは大きな豚肉のブロックを買ってきて1カ月かけて燻製にします。

そんな父の姿を見ていると、料理をする動機は、カレーやベーコンが食べたいからではなく、納得のいく料理をつくりたいからなのだろうと思います。長く勤めている職人も、おそらく作業の奥深さを理解し、そこに楽しさを見いだしているのだと思います。

人は楽しくしている人の周りに集う

父と職人とのつながりという点では、社長である父が率先して現場に出て、楽しそうに仕事をしていることも大事な要素だろうと思いました。父は、社長の立場として伝統工芸に携わる意義、地域とのつながりの重要性、仕事の奥深さを職人たちに伝えてきました。そして、現役の職人として誰よりも楽しそうに仕事をしている父の姿を見て職人たちもやる気になり、ついていくのだろうと思いました。

私が幼い頃から父はずっと現場主義です。平日は午前4時に起きて5時には現場に行き、まずひと仕事します。当時は父が職人たちの送り迎えをしていたので、マイクロバスで職人たちの家まで迎えに行き、戻ってきてからは休憩もろくに取らずに職人たちと現場でものづくりに励みます。ほかの職人たちが休憩する昼の時間も、午後一番に鋳込みができるよう一人で溶解をしていました。

技術がありますから、ほかの職人に質問されたときには答えますが、基本的には自分が仕事に取り組む姿を見せることによって鋳造のポイントや工夫などを伝えます。新しいことや難しいことに挑戦し、課題にぶつかって悩みながらも、果敢に仕事をしている背中を見せて教える職人気質のタイプです。

夕方になると工場にある大きな風呂で職人たちと汗を流し、それぞれの家まで送っていきます。父はその後も仕事をすることが多く、帰ってくるのはいつも夜遅くでした。そのような毎日ですが、家では一度も仕事の愚痴を言うことはありませんでした。

1年365日仕事に明け暮れる父ですから、私たち3人姉妹は父と遊びに出かけたことがほとんどなく、会社に連れて行ってもらうことがあったくらいです。しかし、それが嫌だと思ったことはありません。むしろ父が現場で職人や社員と楽しそうに話をしている姿を見て、仕事って面白いんだなあと思ったものです。

世の中には仕事はつらく、嫌なものと思っている人もいます。それは、その人の近くで仕事をしている会社の上司や先輩、親などの影響が大きいのではと思います。親が毎日のように仕事の愚痴を言っていたら、子どもは自然と仕事はつまらないものと思うようになってしまいます。上司や先輩も同じで、同僚の陰口を言ったり、給料が見合わない、仕事がきついといった不満を言ったりしていると、部下や後輩は自分の未来を重ね合わせ、ここで働き続けても未来はない、別の会社に行って別の仕事をしたほうがいいのではないかと考えるようになるでしょう。

私は日々楽しそうに仕事をしている父を見て育ちました。職人たちも毎日楽しそうに仕事をしている父を見ています。そういう環境で働いているからこそ、自分も仕事を楽しみたいと憧れる人が増え、一緒に働きたいと慕う人も増え、会社や仕事とのつながりが強くなるのだと思うのです。

私が家業の一員になりたいと思ったのも、バーベキューをしながら楽しそうに談笑する父と職人たちを見たからです。人は楽しそうにしている人のところに集まり、つまらなそうにしている人からは離れていくものです。父は自分が誰よりも仕事を楽しみ、その姿を周りに見せることによって、職人が集まってくる環境を無意識につくっていたのです。

私から見て祖母にあたる父の母は編み物の講師でした。父によれば、父と同じく朝から晩まで働くタイプの人で、寝顔を見たことがないくらい仕事に没頭していたといいます。そんな祖母のもとで育った父も、小さい頃に私が感じていたように仕事は面白いもの、魅力があるものだと思っていたようです。このことからも、仕事は楽しいものだと思えるかどうかは、周りの環境に左右されるということだと思います。

楽しく働くために「しない」ことを明確にする

父や会社と職人たちとのつながりが強い要因としては、会社の経営方針も関係していました。具体的に父は、会社では基本方針として「しない」ことをはっきりと打ち出し、売上を追わない、社員教育をしない、営業しない、同業他社と戦わないことを明確に決めました。

一般的な会社の経営方針とは逆の考え方です。しかし、会社としては職人が楽しく仕事をすることが重要で、そのために世間の常識的なことをやらないほうがよいのであれば、やらないという方針なのです。

例えば、売上を追うと生産効率にばかり意識が向きやすくなります。ものづくりを通じて世の中に貢献するという本来の目的が、儲けるためにものづくりするという考えになってしまいます。会社の責務として、事業を通じて適正な利益を出し、雇用を生み、納税することは大事です。しかし、それ以上に社員は自分がつくりたいもの、試してみたい技術などを考えることで成長します。うまくできたり、できなかったりする葛藤も成長の糧になり、楽しみになります。楽しければ探究心が湧き、さらなる原動力となって良い製品が生まれます。良い製品が生まれれば、自然と売上も伴ってきます。こうした好循環をつくり出すために、売上は追わないことにしたのです。

ものづくりの特性の点からもう少し掘り下げると、技術にも製品にも完成はありません。本人の探究心があれば、おのずと高い技術力が身についていきますし、製品もその時代ごとのニーズを反映することで、常に良いものへと進化させていくことができます。すばらしいと自他ともに認める製品ができても、それは未完の傑作であり、その点では、スペインのバルセロナで1882年の着工以来建築が今も続く、アントニ・ガウディのサグラダ・

ファミリアと同じです。

例を挙げると、鋳造した製品を磨くロクロの仕事を60年担当してきた78歳の職人が、私の入社する少し前に退職しました。60年にわたって磨き続けてきた技術はもちろん卓越しています。しかし彼によれば、自分が最も納得できた仕事は退職した当日の仕事だったそうです。この話からも技術を追求する職人の世界の奥深さが分かります。

多様な製品をつくり技術力が向上

売上を追わない方針は、会社の特徴である多品種少量生産体制にも結びつきました。規模や業種を問わず、メーカーの売上は生産効率によって生み出されます。できるだけ手間を抑え、短時間で大量の製品をつくることによって売上が伸び、利益も得やすくなります。

その戦略の代表例が中国のメーカーです。今でこそ世界の消費地となった中国は、父が代表となった2002年当時は世界の生産地であり、世界の工場として成長していました。生産力の点で中国は人も規模も桁違いで、大量受注、大量生産、薄利多売の体制で日用品から食品まであらゆる生産を世界中から引き受けていました。

伝統工芸は地場に根付いた産業ですが、グローバル化が進めば量と数の勝負になります。価格や生産量では中国にかないません。しかし、品質でなら勝てると考えていた父は中国企業が受けない少量の注文に目を向けて勝負していこうと決めたのです。

中国メーカーは効率を追求しますので、最低500個以上でなければ受けない、受注は1000個単位といった戦略です。国内のメーカーでも大企業は同様の戦略で成長しています。父は逆に、1個からの少量の注文も引き受けることにしました。一見すると非効率で儲からない方法に見えます。しかし、実際にはしっかり利益になりました。バブル経済が崩壊して不況が続くなかでも、会社は着実に年2～3%の成長を続けることができたのです。

理由は、問屋が喜んだからです。大量生産の潮流が広がり、1000個単位でしかつくらないメーカーなどが増えていくと、商圏が小さい問屋は発注先に困り、取引の機会が減っていきます。1個からでも注文を引き受ける父の方針は問屋からとても重宝され、注文が集まりました。

つくり手であるメーカーにとって、大量生産はすべて売れれば大きな売上になりますが、売れなかった場合には在庫として残ります。その点、1個単位の注文なら在庫を抱えてしまうリスクがありません。

さらに多品種、小ロットですので職人はあらゆる製品をつくります。その都度、原型をつくり、仕上げの方法も変わりますが、これが結果として職人の技術力の向上に役立ちました。

もともと、会社がつくる製品について、問屋の評判は決して高かったわけではありませんでした。父が寝る間も惜しんで技術を磨いてきたことで徐々に問屋からの信頼が高まり、何でも引き受けてくれる、早々に納品してくれるといった評価が加わり、会社は地域内でトップクラスの鋳物屋に変わることができたのです。

多品種、小ロットの体制は私が入社したときも変わっていませんでした。職人たちはこの時期のものづくりを経験しているベテランですから、小ロットの注文でもフットワーク軽く対応できます。技術がありますから難しい製品でもきれいにつくります。これが会社の大きな強みとなり、やがて自社製品の開発へつながっていくことになったのです。

手間をかけるから感動が生まれる

売上や利益を優先しない方針では、社員が個人の発想を大切にし、デザインや技術の新しいアイデアも生まれやすくなります。また、製品を一つずつ丁寧につくり、納得いく製品がつくれるようになるとともに、その過程において、課題や解決策も見つけやすくなります。

職人たちがつくる製品は手づくりにこだわり、デザインを描くところから仕上げの研磨まで一つひとつ手を掛けてつくります。私たちは高岡に受け継がれる伝統的な工法である生型鋳造法で鋳物づくりをしています。砂で型をつくる生型鋳造法は、金属の枠の中に完成品と同じ形をした木や金属、樹脂でつくった原型を置き、砂を入れて押し固めることによって鋳型をつくるところから始まります。原型を外すと空洞ができ、そこに溶かした真鍮や錫を流し込むことで製品をつくる仕組みです。こうしてつくられた高岡の鋳物は、「高岡銅器」と呼ばれ国の伝統的工芸品に指定されています。溶かし、固めて、形にする作業は、分かりやすくいえば、板チョコを溶かしてハート形のチョコレートをつくるようなものです。

また、型から外した製品は不要な部分や出っ張りなどがあるため、これを旋盤で削ります。真鍮製品であればその後、ロクロを使って手作業で研磨し、製品によってはパーツを取り付けたり色を着けたりして完成に至ります。錫製品は一つひとつバフで研磨を施します。これら仕上げ加工の工程では繊細な技術が求められ、職人の腕によって輝きや風合いが変わります。

製品を手にしたお客様が感動したり、大事に使いたい、大切な人への贈り物として選びたいと思ったりするのは、職人が細部にこだわり、手間暇かけてつくるなかで製品に込めた想いが伝わってくるからでしょう。

教えないから考えるようになる

「しない」の一つである社員教育をしない経営方針も、社員が楽しく仕事に取り組める環境をつくる点で、父が大切にしてきたことです。何も教えないということではありません。職人として身につけなければならない基本的な技術はきちんと教えます。基本さえ分かれば、あとは自主性に任せます。

職人として上達したい人やものづくりが楽しいと感じている人は、試行錯誤のなかで課題に気づき、良い方法を導き出します。分からなければ仲間に相談し、皆で解決の糸口を探します。

その過程で新しい発想が生まれることもあります。伝統工芸はこういうものと決めつけ、こうしてはいけない、こうしなければならないと教えると、可能性を潰してしまうことになります。重要なのは教えることよりも自分で気づき、考え、行動する力を伸ばすことを大切にする、そのために職人だけでなく、事務所の社員も含めて社員教育はしないと決めたのです。

そもそも、ああしろ、こうしろと教わるだけの仕事は楽しくないはずです。学校の勉強がつまらなく感じがちなのも、教わるだけで、自分の考えやアイデアを発表したり形にしたりする機会が少ないからだと思います。どんな仕事も、つまらなく感じたらやる気が低下します。嫌なことはやりたくないですし、後回しにしようと思います。逆に、仕事が好きで楽しく感じていれば、次々と新しいことに挑戦したくなります。情報や知識も自分で探しに行きたくなります。鋳造の現場はまさにそのような環境でした。

だから、ここで長くものづくりしたいという思いが強くなり、積極性と技術力がある職人が増えていったのです。

挑戦意欲から錫製品が誕生

伝統はただ守るだけでなく新たなアイデアを加えて進化させていくことが大事で、肝心なのは、自由なものづくりや自由な発想でどこまで積極的に挑戦できるかです。積極的になれるほど社員は楽しく仕事ができ、新たな製品を生み出すことにもつながります。例えば、新たなヒット分野となり会社の代名詞にもなった錫製品は、新しい領域への挑戦から生まれました。

現在、会社の製造現場は大きく二つあります。一つは100年超の伝統技術を守り続けている真鍮の現場で、もう一つは、2003年に世界で初めて開発した錫100％のものづくりの現場です。

もともと会社が生業としてつくってきた製品は、真鍮の仏具や茶道具でした。しかし、これらの製品の需要はライフスタイルの変化とともに年々縮小傾向にあります。問屋に評価いただきものづくりをしていけば、下請け仕事でもそれなりの売上は確保できますが、それではさらなる会社の発展は見込めません。

そんな壁にぶつかっていたときに、真鍮の風鈴を置いてもらっていた販売店から食器をつくったら売れるのではないかとアドバイスを受けました。父は顧客に近い販売員から得たヒントを重要視し、自社ブランド製品として食器づくりに挑戦することにしたのです。

問題は素材でした。真鍮には銅が含まれているため食品衛生法の関係で食器の素材とし

やわらかい素材特性を活かした「KAGO」シリーズ

ては解決すべき問題がたくさんありました。そこで材料から見直し、錫と出合うこととなったのです。
錫は錆びにくく、変色しにくいため美しい光沢を維持できます。銅のような金属臭もなく、抗菌作用がある点も食器の材料に向いていました。熱伝導率が高く簡単に冷えるため、冷たい料理などを載せる食器にも適しています。このような特性から錫は古くから食器の素材として使われており、レオナルド・ダ・ヴィンチの「最後の晩餐」でも錫の食器が描かれています。
錫のもう一つの大きな特徴は、金属なのにやわらかい点です。力を入れれば人の手でも曲げられます。これは食器には不向きな特徴で、他社が製造している既存の錫の食器は、ほかの金属を混ぜて錫合金（ピューター）にして硬度を高めるのが一般的です。しかし、他社と同じことをしても面白くないと考えた父は、錫１００％の食器をつくることに決めました。

当初は、曲がることが欠点だと思っていましたが、曲がるのならば曲げて使う食器があっても面白いのではというデザイナーの意見をヒントに、曲がる食器の開発が始まりました。２００８年に誕生した「ＫＡＧＯ」シリーズは、さまざまなメディアで取り上げられるようになり、アメリカのニューヨーク近代美術館（MoMA）の販売品に認定されました。

錫に特化した鋳造方法を生み出す

私たちは１００年超にわたって鋳造技術を受け継ぎ磨いている一方で、新しい技法も開発しています。これも職人の挑戦意欲から生まれたものです。

真鍮の製品は砂の型からつくる生型鋳造法でつくり、錫製品はこの技法に加えて、シリコーンを使うシリコーン鋳造法でつくります。これは父が富山県総合デザインセンターの研究者と共同開発して２００８年に編み出した技法です。この鋳造法の特長は、砂でつくっていた鋳型をシリコーン型に替えることによって、タクトタイムを大幅に短縮できる

シリコーン鋳造法により生産性が向上

ことです。製品の仕上がり感を鑑みながら、一部の錫製品にのみシリコーン鋳造法を導入していますが、現場に導入することによって生産効率が大きく上がりました。

生型鋳造法で鋳型に砂を用いる理由は、砂は融点が高く、溶けない素材であり、ほかの鋳造法に比べ低コストで鋳物をつくることができるからです。型に流し込む錫の温度は250度ほどです。真鍮は銅と亜鉛の割合にもよりますが、1000度以上の高温になりますので、型に使う素材はこれらの温度でも溶けない素材でなければなりません。

見方を変えれば、流し込む金属より融点が高い素材であれば砂の代わりにできるということです。私たちが採用したシリコーンは耐熱温度が約300度で、真鍮の型には使えませんが錫の型には使えます。

砂の型は製品を取り出すたびに壊す必要がありますが、シリコーン型は一度つくった型を３００回、５００回と繰り返し使うことができます。砂の型は１つつくるのに10分ほどかかり、１日あたり平均で50個、忙しいときで80個ほどの型をつくります。シリコーン鋳造法の導入により、造型の時間を削減することができ、錫製品の生産性が格段に向上したのです。

シリコーン鋳造法の導入で、より微細な表現や異なった素材を組み合わせた鋳物も実現できるようになりました。そしてなにより粉塵などを出さずクリーンな環境でのものづくりも可能にしたのです。

こうした技術革新は、父と職人たちの工夫と発想によって完成し、名誉なことに日本鋳造工学会「第１回Castings of the Year賞」を受賞しました。

伝統工芸で重要なのは伝統を受け継いで守りながら、一方で革新性を加えて技術を磨いていくことです。より良い技術を考えること、また、独自の方法を確立し、製品の質や生産性を高めていくことによって伝統工芸の価値が上がっていくのです。

そもそも伝統的と呼ばれる工法も、つくられた当初は革新的な工法であったはずです。生型鋳造法にしても、最初から高岡の伝統工法だったわけではなく、最初は砂を使って造型することも、溶かした金属を型に流し込むことも、あらゆるところに画期的な発明がありました。それが評価され、広まり、人々によって改善と工夫が続くなかで、地域を代表する伝統的な工法になりました。

その視点から見ても、伝統工芸に携わるうえで重要なのは、伝統を守る保守的な姿勢よりも、より良いものに磨き上げていく革新的な姿勢といえます。新しいことに挑戦する姿勢をもち続けることが会社の強みなのです。

伝統の枠内にとらわれない

姿勢という点では、新しいものに挑戦し、積極的に攻めていく取り組みを推奨していることも、社員が楽しく働き、会社とのつながりを強くしている要素といえます。このような姿勢は伝統工芸の世界では珍しいと思います。

例えば高岡の鋳物づくりは、原型づくりから鋳造、溶接、研磨、着色、彫金といった工程ごとに分業し、各業者の職人が己の専門技術をもってものづくりを進めます。

この仕組みの良い面は、分業によって生産効率が高まることと、それぞれが専門分野をもつことで、技術の精度を掘り下げ高めることができることです。一方で、業務内容は日々同じですので、深さの追求はできますが広がりをもつことが難しくなってくることがあります。父が入社した当初、私の祖父が社長だった時代はどちらかというと保守的で、問屋制度のもとでただ与えられる仕事を繰り返すのを美徳とする傾向がありました。

しかし、父はそこに疑問をもちます。同じことを繰り返すだけでは進化しません。枠に自ら収まってしまうことでは、次の世代に受け継ぐ伝統工芸には変わっていけないと考えたのです。

これは父がもともと職人出身ではなく、伝統産業の外にいた人であったことも大きかったように思います。産業のなかにいると、業務の進め方も仕事の取り組み方もあらゆるものが当たり前に見えます。しかし、その当たり前は外部から見ると当たり前ではなく、外側の視点から見ることで課題や改善策が見えることが多いのです。

高岡銅器産業の市場は父が入社して間もなく1990年代をピークに縮小の道をたどります。父は分業を基本とした問屋制度の構造では、この状態を変えることはできず、産業を発展させていくことは難しいと考えました。

そこで父は社長になった2002年から積極的に新しいことに挑戦し、自社製品の開発や直接販売の販路開拓につなげていったのです。

何事も「まずやってみる」

父の「しない」方針のもう一つ、営業しない方針は、社員のためであり、地域のためを意識しています。高岡の問屋をはじめ伝統産業に携わるすべての人との共存共栄を目指しているのです。

父が新たな挑戦を続けてきたのは、会社が地域に愛される企業となり、鋳物産業を地域の人の誇りにしたかったからです。自社の成長と引き換えに伝統産業を駆逐してしまうような展開にしてはいけないし、そもそも問屋に育ててもらった恩も強く感じているので、問屋を飛び越える形で営業するのではなく、欲しいという依頼に何でも応えて経営していくスタイルを貫いてきたのです。

また、営業しない方針は、売ることよりも、つくることやつくる人を大事にしている姿勢でもあります。伝統工芸に限らず、ものづくりをする会社はつくり手と売り手がいて成り立っています。どちらが欠けても会社は成り立ちません。私はこれまで通販誌をつくっていましたから、どちらかというと売り手の視点で物事を見ていました。当時も今も自分の性格からしてつくることよりも売ることを考えるほうが向いているとも思っています。

しかし、売る仕事が成り立つのはつくる仕事があるからです。製品がすばらしければ、営業や販売が売ろうとしなくても、製品そのものが話題や需要を呼び、売れていくはずです。地元の人たちが地域自慢に思うような良い製品をつくっていけば、評判はやがて他県にも届き、さらに全国に広がり、新たな注文につながっていくはずです。

営業しない方針の私たちは、自分たちから買ってください、店頭に置いてくださいと営業することはありません。

ただし、相手から一緒に何かやらないかといった依頼や相談がある場合は基本的に引き受けます。できるかどうかを考える前に、まずは何でもやってみます。ＰＤＣＡでいえば、Ｐ（Ｐｌａｎ）よりもＤ（Ｄｏ）を重視し、何事もＤからスタートするということです。

こうした考え方は社内全体に浸透し、誰もがまずやってみようと考える社風があります。やってみてうまくいかなかったら、その都度改善策を考えればいいと思っています。会社としては依頼や相談に応えることでものづくりの幅が広がります。人は新しいことにやりがいを感じますので、社員にとっても楽しく仕事に取り組む要素の一つとなっています。

父が社長になってからの成長を振り返っても、問屋制度にとどまらずに自社ブランドを立ち上げて製品開発を始めたこと、ハンドベルから風鈴へ改良してヒット作を生み出したこと、錫１００％の製品づくりを始めたこと、直営店を増やしたことなど、すべてまずやってみる、やってみてから考える方針でスタートしています。

父に理由を聞いたところ、まず、できないという言葉が嫌いだという答えが返ってきました。父は自ら公言しているとおり、行き当たりばったりの経営を信条としています。また、計画は大事だと思う半面、計画したことが実現しなかったら嫌だから、それなら計画は立てないほうがいいと思う、という答えも返ってきました。

経営方針としては無茶苦茶かもしれませんし、そんなやり方で売れるのかと思う人もいるかと思います。

しかし、現実に経営はうまくいったのです。父が社長に就任してから私が入社する時点までで、会社の売上は約3倍に伸びました。そして、私が入社してからの10年で約5倍、父が社長になった２００2年との比較では13倍に伸びています。従業員数も同様に、私が入社してからの10年で約7倍、父が社長になったときからは20倍以上に増えています。

この事実を見る限り、事業では計画性も大事ですが、誰もやっておらず周りが無理だと言っていること、面白そうだと直感的に思うこと、頼まれごとなどを積極的に引き受けてやってみることで、事業や仕事が広がっていき、職人の技術や販路が拡大していくのだと分かります。

日本人は几帳面で計画性を重んじるところがあります。昔ながらの言葉でいえば石橋を叩いて渡る考え方で、ＰＤＣＡのＰを入念に考え過ぎるため、なかなかＤに踏み出せない傾向もあるように感じます。父によれば、特に伝統産業の世界は保守的な考えの人が多く、人と違うことをせず、目立たないことをよしとする風潮もあったといいます。

だからこそ、何でもやってみる姿勢は周りから見れば異質ですが、結果につながったのだと思います。周りがやろうとしないことがたくさんあったため、つまり、やってみようという姿勢で臨めば挑戦できることがたくさんあったので、変革につながる機会を得ることができたのです。

誤算が大当たりしたキャラクターとのコラボ

何でもやってみる姿勢が販路の拡大につながった例は、キャラクターとのコラボレーション商品です。自社製品の一部として、ドラえもん、ハローキティなどとのコラボで、キャラクターをあしらったタンブラーや箸置きなどをつくっています。

伝統工芸とキャラクターの掛け合わせは異色です。最初にコラボ提案の話を受けたとき、さすがに父もためらったといいます。攻めの姿勢を大事にし、伝統に変革をもたらすことが重要と思いつつも、キャラクターとのコラボは攻め過ぎのような気がしたのです。

しかし父にとっては声をかけられたら応えたいと思うし、できないというのも嫌なので悩んでいました。

あるとき、ガンダムのコラボ商品の話がもち上がりました。父はガンダム世代ではありませんが、ガンダムの大ファンである社員の思い入れを聞き、思い切って仕事を引き受ける決心をしました。ガンダムファンは全国にたくさんいます。いまやファンの多くはお酒が飲める年代ですので、コラボ品として販売したぐい呑みは注目されました。当時人気絶頂の男性アイドルグループの一人が大のガンダムファンで、テレビで商品を紹介してくれたのも追い風となり、父の当初の予想を大きく上回る人気を集め、結果的にうれしい誤算となりました。売上は大きく伸び、ガンダムとのコラボによって会社の知名度もぐんと上がったのです。

父はあのメーカーはキャラクター商品をつくっている、伝統から外れているなどと周囲から言われるのではないかと当初は心配していましたが、そのような声は出ませんでした。むしろ高岡の伝統産業を全国に知ってもらう機会になり、地域の人にも喜んでもらえました。

このことがきっかけとなり、会社はキャラクターとのコラボを全面解禁しました。コラボの依頼を引き受けるたびに、会社やブランドを知ってもらう機会ができ、テレビや新聞、SNSなどでコラボ商品を知った人たちが購入する流れもできました。

同業他社と戦わない

私たちは同じ業界であれ、ほかの会社と競争し戦っていくことよりも共存共栄していくことを大切にしています。ともに創り上げていく、共創こそが私たちの思いです。例えば、父が錫製品を開発したときには、他県の錫の加工販売会社に自ら出向き、新たに開発しようとする製品について事前に細かく説明しました。

そうした結果として同業他社とも良好な関係を築いており、会社同士で互いの従業員を研修に派遣し合ったりして交流を続けることができています。

これは、異業種に関連する事業に取り組んでいくときでも同じで、競争ではなく共存共栄という姿勢は変わりません。

地元の高岡だけで見ても、私たち以外に錫製品の製造を始めた会社は数社あります。業界全体を盛り上げていければすばらしいことですし、いずれ「高岡錫器」として産地が栄えていければ、という思いもあります。産業観光事業の取り組みについても、鋳物づくりのカギとなる原型や受け継いできた職人技術を社外秘にすることなく、むしろ幅広く私たちの技術や製品を知ってもらいたいと考えて、すべて公開しています。

もちろん、私たちが業界で先陣を切って新しい技術開発などにチャレンジしたいという強い意志は今も昔も変わりません。

もう一つ大切にしている商売のスタンスとして、私たちは取引先の規模にかかわらず、平等に製品を納める姿勢を堅持しています。商取引にあたり、そうした真摯な態度を保ち続けることで、きっといつか私たち自身に良い形で返ってくると信じているからです。

ものづくりの仕組み化を考える

会社と職人とが強くつながっていることは私の会社の強みだと思います。そうしたつながりをさらに強めることが私の役割の一つだろうとも思いました。

重要なことは、快適な職場環境を築くことです。職人が仕事に集中できれば良い製品がつくれるようになり、その製品をお客様に喜んでもらえれば、職人は仕事そのものがさらに楽しく感じられます。

そのためには現場業務を改善していく必要があります。効率よく業務に取り組める仕組みができれば、日々、注文に追われている現場の環境が多少は改善するはずだと考えた私は、さっそく製品の受注を管理する方法を練りました。まずは受注フォーマットをつくり、注文の整理、生産状況、発送済みの製品の確認をできるようにしました。私が入社当時の現場には、そのような管理機能がまったくありませんでした。注文を受け、製品をつくり、できたものから発送する作業を繰り返すだけで、受注や発送の伝票はあるのに、何をどう管理しているか、どの顧客の、どんな注文が増えているかが分からない状態だったのです。職人たちが効率よく業務を進められるように、まず生産工程の周辺を仕組み化していくことにしました。

次に在庫管理に取り組みました。現場には棚卸しの業務がなく、在庫数を把握する仕組みもなかったため、例えば、風鈴の注文が入った場合も在庫が足りないから10個くらいつくって、といったあいまいな指示を職人に出しながら注文に応じていました。私は、まず週1回のペースで在庫を確認する業務フローをつくり、表計算ソフトで在庫を管理することにしました。

一般的なものづくり企業にとっては当たり前のことかもしれませんが、その仕組みすら当時の現場にはなく、ないことが不自然だと指摘する人もいなかったのです。

仕組みの面でもゼロからイチを生み出せる

仕組み化の提案は職人にも快く受け入れられました。背景には、私が幼い頃から親戚の姪っ子に近いような存在だったこともありますし、半年ほどかけて現場で学びながら、お茶入れや休憩時間のコミュニケーションを通じ、仲間として認めてくれるようになったことも大きかったと思います。

生産個数が分かったほうがつくりやすいのか、在庫数が分かっているほうがつくりやすくなるのかといった提案や質問をしながら、仕組み化が進みました。仕組みがない状態からの新たな改善はすぐに効果が出ました。

私は効果が出たことをうれしく感じ、いつもアドレナリンが出ているような状態で改善策を考え続けました。ゼロからイチを生み出す取り組みが面白く感じたのもこのときです。ものづくりができなくても、仕組みづくりで会社や現場に貢献できると実感し、自分の役目や居場所を見つけられたような気がしたのです。

改善策を練る過程では、前の職場でもっと業務管理やオペレーションの改善などを経験しておけばよかったとも思いました。

自分にできることは現状と未来を変えることだけと考えて、日々現場に足を運び、職人の動線や受注から発送までの流れをつぶさに観察し、もっと役に立てることがあるはずだと考えてアイデアを練り、実行していきました。

人数が増えるとコミュニケーションの量が減り質が下がる

現場の改善が着々と進んでいくなかで、課題も見えてきました。特に大きな課題と感じたのは組織化です。

相変わらず注文に追われる状況は続き、この状況に対応していくため、会社は少しずつ職人の数を増やしていきました。そして、気がつけば私が入社時に25人だった社員は、入社3年後には60人になっていました。

人が増えるということは、新たに入社した人たちともしっかりと関係を構築しなければならないということです。入社希望の人たちは職人という仕事への憧れがあり、デザインをしたい、ものづくりに関わりたいと考えている人がほとんどですので、仕事の内容でも職場環境の面でも期待に応え、長く働きたいと思ってもらう必要があります。

30人規模であれば、一人ひとりの声を聞きながら会社を良くしていくことができるでしょう。しかし、60人になると難しくなります。父を筆頭とする当時の組織は、いわゆる文鎮型でした。文鎮の持つところに父がいて、社員はその下に一列で並んでいる組織です。この状態の組織は経営者と社員の距離が近いため意思疎通が容易で、意思決定も反映しやすく、結果として成長スピードも上がります。会社が短期間で売上が約3倍に伸びたのも、会社の規模という点で成長しやすい環境だったからだと思います。

しかし、60人となると社長と社員のコミュニケーションの機会は減り、会社として大切にしている考えなどについても伝わりづらくなります。状況を改善するには、文鎮型からピラミッド型に変わっていく必要があります。部署や部門をつくり、それぞれにリーダーを置いて、指示系統や連絡系統をしっかりつくる必要があるということです。

父をはじめ、職人は目の前の製品をきちんと仕上げることに集中しています。私はものづくりに没頭していない分、少し離れたところから組織全体を見渡し、見えてきた課題を可視化して解決策を考えることも役目であり、会社に貢献できることの一つだと思うようになりました。

新しい人が新しい変化を起こす

人員を増やす点については、採用や教育といった人事制度に課題がありました。注文が増えているため、新しい人を採用し、会社に良い意味での刺激を与え続けること、新しいプラス面の変化を起こすことができたらいいなと私は考えてきました。

さらに、長く勤めてもらうためには福利厚生などの制度を整えていく必要がありました。父は職人の育成について基本的には背中を見て覚えてもらう方針でやってきましたが、社内の人数が増えると背中は見えづらくなります。そうなると研修や教育の仕組みをつくらなければなりません。

会社には採用や教育にあたる人事部のような部署もありませんでした。これも組織化と同じでこれから整備していかなければならない課題だと思っていました。

採用は地方の会社にしては多い数となり、応募期間以外でも履歴書を持って会社を訪れる人もいるほど注目を集めるようになりました。応募者は20代や30代が中心で、今どきのおしゃれな若者といった雰囲気の人の応募が目立ち、若い世代がものづくりに興味をもってくれていることが実感でき、私はうれしく思いました。

応募者の前職の経験は問わず、基本は人物本位で採用しているため、多様な人材が集まります。私と同じような雑誌編集以外にも、職人のなかにはアパレルの営業、板前、美容師を経験した人などもいます。

新しい人が入れば別の変化が起きます。ものづくりのイロハを知らない人が入ることで、未経験者の大胆な発想がイノベーションにつながる可能性もあります。

私たちの会社に、若い世代や多彩な人材が興味を示すようになったのは、自社ブランドの製品販売が大きなきっかけであると思います。製品のデザインや世界観に興味をもち、父の方針のもと、働きたいと思ってくれる人が増えたのです。また、当時は錫製品を中心にメディアへの露出が増えていたため、認知が高まることでものづくりの面白さや私たちの会社の魅力を知ってもらうことができたのです。

多彩な人材の採用につなげるには、魅力を感じられるような会社であることはもちろん、その魅力を発信していくことが重要であると考えています。雑誌編集の仕事で良いものを多くの人に紹介してきたのと同じように、伝統工芸を多くの人に知ってもらい、目を向けてもらえるようになる仕掛けや企画を考えることは、将来の担い手を確保する意味でも重要だと考えるようになりました。

入社して3年間、私は自分に何ができるのだろうかとずっと思索しながら、父や職人が必要だと思うことを考え、実践してきました。父のように職人としての経験がない私でも、父や職人とは違う視点で会社に貢献できることに気づき、少しずつ自分の仕事に自信をもてるようになってきたのです。

第3章

「異業種とつなぐ」ことで伝統産業にイノベーションを

――製造業にサービス業を融合させて新たな価値を創造

喪失感によって気づいた自分の思い

あっという間に入社から月日が経ち、会社も順調に大きくなった頃、私に転機が訪れます。結婚と妊娠です。

私の日常はさらに忙しくなりました。出産に向けた準備を始め、定期健診にも通います。仕事は相変わらずで、やることがたくさんあります。日々の注文をこなしていくのに精一杯の状況で、手が足りない現場にも加わって手伝います。在庫や受注状況を管理する仕組みづくりや、会社の魅力をＰＲする施策を考えることも私の仕事ですので、自宅に帰ってからは夜遅くまで案を練る日が続きました。

今になって思えば、無理をしていました。日々の仕事は楽しく、やりたいこと、やってみたいことが次々と浮かんでくるため頭は常に元気です。仕事のやりがいとこれからの子育てに希望を膨らませていました。しかし、安定期に入って安心しきっていた矢先の定期健診で、妊娠していた双子の男の子たちの心臓の音が聞こえないと告げられました。妊娠６カ月で死産してしまったのです。

当時の私は仕事が第一で、妊娠していると分かってからも母親として子育てに専念する自分をあまりイメージできていませんでした。出産後はどれくらいで復帰できるだろうか、子育てと仕事を両立するにはどうすればいいかなど、あらゆることを仕事中心で考えていました。

しかし、いざお腹が軽くなったとき、今までに経験したことがない大きな喪失感に襲われました。病院の医師からは身体に負担がかかっていたことと死産は、因果関係がないと言われました。しかし私はそれでも自分を責めました。つらさ、悲しさ、仕事に没頭してしまったことへの後悔が心に重くのしかかりました。そのときになって初めて自分は母になりたかったのだと自覚したのです。

同時に、あれほどまで熱中していた仕事への興味や情熱が急速に冷めるのを感じました。人は感情に支配されます。気力やモチベーションなど、心の底から湧いてくるエネルギーが枯れると頭が働かなくなり行動力もなくなります。私はまさにその状態になり、何もする気がなくなり、しばらくの間、仕事にまったく身が入らない状態になったのです。

子育てと仕事の新たな葛藤

再び妊娠していることが分かったのは約半年後のことでした。無事に出産するまで完全に仕事を休むと決心し、出産後も無事に産まれてくれた長女を第一に考え、育児休業を取得して子育てに専念しました。結局、出産と育児で2年ほど仕事を離れましたが、娘にとっても私にとっても必要な時間でした。子育ては未知の大変さがあり新たな不安や心配事も増えますが、母親業という私にしかできない役割を果たすことで充実した日々を過ごしました。

子どもがすくすく育つのはうれしいことです。友人とランチへ出かけ、子育てについて話すのも楽しいことです。

精神面が満たされると再び仕事への情熱も湧いてきます。父に似たのか、祖母からの遺伝なのか、私も性格的に仕事に熱中しやすいタイプなのだと思います。

育休の後半は会社がどうなっているのか気になり、家でじっとしているのがつらく感じるようになりました。育休が終わり仕事に復帰する直前は、2年間のブランクによって自分が世の中から取り残されたような孤独感と焦燥感に駆られるようになっていたのです。

実際、2年のブランクは大きかったです。私は、婿入りして現在は取締役としてともに働いている夫と父と同居していましたので、会社の状況などについては多少の情報を得ていました。しかし、会社は規模も業績も想像以上に成長していました。育休前には付き合いがなかった新たな取引先に向け、この2年で新作が次々と発売されるなかで、復帰後の私は人手が足りない部門を手伝いながら現場感覚を取り戻すことに必死でした。

職場に復帰すると私は安心感に包まれました。同時に、仕事と子育てを両立できない、どちらを優先すべきかと新たな葛藤に苦しみました。

その後、間もなくして2人目を妊娠し次女を出産しました。そのときは育休を取りつつも、編集者としての経験を活かして社内報をつくるなど、自宅でできる仕事を探して、会社とのつながりを断ち切らないようにしました。今でいえばリモートワークのような形で、新入社員の紹介や各店舗の取り組み、顧客の声など社員からヒアリングした内容を記事にしました。このときに始めた社内報は今も毎月欠かさず刊行しています。産休や育休で休んでいる社員たちや、社員の家族向けに会社の現状や経営者の思いを伝えることはとても大切だと考えるからです。

100%で取り組めないストレス

一般論として仕事と子育ての両立は難しいといわれます。職種や職場に関係なく、特に女性は体力的にも大変だと思います。

要因はいくつかありますが、私が大変だと感じたのは時間のやりくりです。このときまで自覚していなかったのですが、私は性格的にやると決めたら完璧にやりたいと思うタイプです。育児も仕事も手抜かりなくやろうとすると時間がまったく足りませんでした。

例えば、夜は子どもたちの添い寝をしますので、その時間帯は仕事ができません。しかし、やりたいこともありますし、やらなければならないこともあります。それらをどう処理するかというと、子どもたちが寝たあとにするしかありません。長女の寝つきが良くなかったため、午前2時くらいから仕事を始めることもよくありました。次女が生まれてからはさらに時間がなくなり、深夜の仕事が増えました。

振り返ってみると、当時は急激に出荷量が増えた物流部門の整備にあたっていましたが、慢性的な睡眠不足だったため、自分がどんな仕事をしていたかよく覚えていません。記憶に残っていることといえば、心理的に不安定になっていて、思考がまとまらないことや、思い描いたように仕事が進まないことに毎日イライラしていたことです。

子育てをしながら仕事ができる環境には感謝していました。父も職人も事務所の社員も協力的で、周りに支えられながら仕事を続けられる自分はとても恵まれていると感じていました。

一方では、子育ても仕事も中途半端になっている自分をもどかしく思いました。ほかの母親と比べると、子どもと向き合う時間が足りていないと感じましたし、仕事も100%の力を注げないことに苛立ちました。仕事の質に納得できないとストレスとなり、子育てに影響を与えました。子育ての手を抜いているのではないかと感じるようになると、それもストレスとなり、仕事の弊害となりました。結果、仕事の質も子育ての質も落ちていくという悪循環にはまっていたのです。結局、子どもたちが少し大きくなり、子育てにかかる時間が短くなるまでこの状態は続きました。

次女が1歳になった2016年、私は取締役に就任しましたが、当時は経営幹部として会社を成長させていく自信はなく、決心がなかなかつかない状態でした。

子育ての考え方や愛情表現は人それぞれ

子育てと仕事を両立させようと自分なりに取り組む半面、私の思いが周りになかなか伝わらなかったり、理解されなかったりすることもあり、それも自信を失う要因になっていたと思います。

わが子を保育園に預けるようになってからは、私は朝から夜まで会社にいます。家に帰ってからは子どもたちと過ごす時間をできるだけつくっているつもりです。しかし、それでも子どもは寂しいようで、「ほかのママは家にいるのになんでママはいつもいないの」と聞いてくることがあります。

会社の直接取引が増え、直営店も増えつつあるなかで県外への出張が増えました。子どもの誕生日と重なれば、出張を優先し子どもと一緒にいられません。そのことが原因で子どもたちがすねることもあり、子どもの反応の一つひとつが私の心に重くのしかかります。先生から電話を受けて、「母子が接する時間を増やしてほしい、仕事が忙しいのは分かるが子どもをもっと愛してあげてください」と言われたこともありました。

このときは、半分は先生の言うとおりだと思いました。専業主婦と比べると私がわが子と接する時間は明らかに短いはずですから、もっと努力すべきことだと思いました。

一方で、もっと愛してあげてという言葉には引っかかりました。当たり前のことですが、わが子を愛していないはずがありません。いちいち反論はしませんでしたが、昨今のように働く女性が増えているなかで、遅くまで働いているから愛情が薄いという捉え方や、親子一緒にいることが愛情という画一的な考えは、やはり偏見ではないかと思いました。専業主婦が多く母子が一緒にいる時間が長かった昔と、共働きが増えて一緒にいる時間が短くなっている今を比べて、母親の愛情が薄れたかというと、そんなことはないはずです。時代の変化とともに女性がもっと活躍できる社会に変わっていくためには、周りの人の評価基準も変わる必要があると思うのです。私自身、平日は両親が夜遅くに帰ってくる環境で育ちましたが、十分に愛情を受けて育ったと感じています。親子で一緒の時間を過ごすことは大事ですが、その時間の長さと愛情の深さは必ずしも比例しません。会社や家族のために一生懸命仕事をすること、結果として地域や世の中の役に立つこと、感謝されること、そういう親の姿を子どもに見せることも愛情だと思うのです。

子育ての考え方は家庭によって異なります。愛情の注ぎ方も違います。

私はもともと料理をすることが好きで、手づくりの食事にこだわりがあります。平日は帰宅が遅く、凝った料理はつくれないので、遠足のときや学童保育に持っていく弁当は毎回、娘たちの要望を聞きながら好きなキャラクターの弁当をつくります。また、子どもたちとコミュニケーションを図るために手紙や交換日記を書くこともあります。親子が一緒にいられないときにその日にあった出来事や思ったことを文章に書いて互いにやり取りできれば、面と向かって会話をしているのと似たような親子のコミュニケーションが生まれます。また、夜の就寝時には子どもたちに、ママにとっての一番は娘であり、愛していると言葉にして伝えます。そして、私が仕事で今、何をしていて、どんなことがあったのかも話し、日々のうれしかったこと、悲しかったことも娘たちに伝えるようにしています。

頼って任せることが大事

子育てと仕事の葛藤は、子どもが大きくなるまで続くだろうと思いました。一方、この悩みを少しでも軽減し、子育てと仕事を両立しやすくするために、私はできるだけ夫に頼ることにしました。

私は何事も人に頼らず自分でやりたいですし、手を抜くことが嫌なタイプです。完璧主義というほどストイックではありませんが、手の抜き方もよく分かりません。日々、私が子育てと仕事に奔走する姿に、なんでそこまで自分を追い込むのかと夫に問われたことがありました。

私は中途半端が嫌ですが、実際には中途半端な結果になっていました。夫は、その事実に悩んでいる私の様子を見て、私が潰れてしまうと思ったそうです。夫は子育てと家事に関することで、自分にできることはすべて任せてほしいと声をかけてくれました。

私は誰かに頼ることが苦手で、何でも自分でやりたいと思っていましたが、現実には私一人の手には負えませんでした。そこで、最も信頼できる夫の提案を受け入れ、家の用事を分担することにしました。それまでは、家の用事をすべて一人でこなそうとしてイライラし、夫に当たってしまうこともありましたが、役割分担をすることで精神的にも落ち着くようになり、夫との会話も増えました。このときから私は一日のほとんどを仕事について考え、仕事のために動き回れるようになりました。夫自身、工場長として仕事が忙しい状況のなかで家事や子育てを積極的に主導してくれて感謝しかありません。

以来、私はいざという時は周囲の人に頼る、任せられることは任せると柔軟に考えられるようになった気がしています。私が構想している組織化や、このあとに取り組むことになった多角化を実現するためにはこうした考え方が必須です。組織が大きくなるとすべての状況を一人で把握することはできません。現場のことはこの人に、販売のことはあの人にといった具合に誰かの力を借り、活用することが求められるからです。

自分が考えなければならないことに集中

私は、仕事について思いを巡らすことが好きです。答えがなかなか導き出せなくても、会社の未来や、事業の可能性について思いを巡らすと希望が膨らみます。ただ、そうして常に考え続けるうちに、すべてのことを私が考える必要はないのだと気づきました。

当然、現場の改善策や生産体制などについては、現場を熟知した職人が考えたほうが良いアイデアが出るでしょう。しかし、今後の事業展開や会社の知名度を高めていく戦略は私や父が考えなければならない課題です。

私が考えるべきことは私、誰かに任せたほうが効率的なことは任せることで、私は時間を確保しやすくなりますし、職人や社員も考えることや頼られることを通じて、成長することができ、いっそう会社とのつながりが強くなります。

子育てと仕事に向き合い、周りに支えられながら働くうちに、ようやくこの至極当たり前なことが分かりました。

ゼロから企画する新社屋

次女を出産し職場に復帰したタイミングで、会社の移転計画が進行していました。

新社屋の建設には、二つの狙いがありました。一つ目は喫緊の課題として、顧客からの注文の増加に応じた生産体制を構築することです。この頃には、社員も製品出荷量も増加したために工場が手狭となり、近隣の工場を間借りして増産に対応していました。物理的に職人同士が離れてしまうことで、コミュニケーションをとりづらくなったことや、狭い休憩所で窮屈な思いをさせていた職人たちの、職場環境の改善も課題でした。

二つ目は、産業観光を通じて地域交流を拡大させるという狙いです。地域の伝統産業である「高岡銅器」の魅力を一人でも多くの人に届けるべく、ものづくりの心を伝える工場にすることです。

地域交流は、父が社長に就任した頃から注力してきた取り組みの一つです。特に高岡の子どもたちには、伝統工芸を通じて地場産業の歴史や魅力、すばらしさを知ってもらいたいと考え、積極的に工場見学を受け入れてきました。

高岡市は伝統工芸を大切にする町です。市内の小学5、6年生と中学1年生の子どもたちは、2006年から始まった「ものづくり・デザイン科」という必修科目で、高岡の伝統工芸の作品に触れたり工房を見学したりします。この活動を通じて、郷土の伝統産業の特色を理解し、ものづくりへの見方や考え方、伝統の継承について学び、自分が住む地域への理解を深めます。私たちはこの取り組みを支援し、毎年子どもたちの工場見学を受け入れていました。

2004年、日本政府の観光立国推進戦略会議の報告書で「国・地域は、近代の街なみ、産業遺産、産業施設を観光資源として積極的に活用する」と提言されて以来、世の中に産業観光という概念が定着し始め、富山県外からも徐々に私たちの鋳物工場を見学したいと問い合わせを受けるようになりました。見学者は年々増え続け、2016年には年間1万人が訪れるようになりました。ただ、手狭な工場のためゆっくりと見学できる雰囲気ではなく、職人の技術を見る以外に楽しめる仕掛けもありませんでした。そのような事情から、工場の広さだけでなく、遠方からわざわざお越しになる見学者にもっと楽しんでもらえ、満足してもらえる工場に建て替えたいと望んでいました。

伝統工芸は地域に根ざした産業です。私たちの会社には100年超の歴史があり、その歴史は高岡で伝わる400年超の歴史の一部でもあります。地域に支えられている伝統工芸が活性化することで地域の雇用を生み出し、その伝統技術と製品の魅力によって他県から人を呼び込むことが地域への恩返しになります。地域と伝統工芸は共存する関係で、一心同体で成長していく関係なのです。

私たちは、子どもたちに限らず地域の人と交流する機会をいっそう増やしたいと考えていました。高岡に住んでいる人でも地域に高岡銅器という地場産業があることを知らない人はいます。灯台下暗しで、住んでいる地域の魅力を知らない人もいます。新社屋には郷土のすばらしさに気づくきっかけを提供したいという思いも込められていました。

観光業との接点ができた

新社屋の建設は夢が膨らむ一大プロジェクトです。父の思い入れも強く、この時点での年商は13億円でしたが、16億円の建設予算を確保しました。

地域の人と伝統産業が交流する地点となり、他県からも足を運んでもらえるような魅力的な場所になれば、会社だけでなく地域の知名度も高まります。

見学のメインは職人の手仕事によるものづくりの現場で、大勢の人に見てもらい、知ってもらうことは職人の誇りになります。人は他人に評価されることによって自分に自信がつき、モチベーションが高まって技術の向上にもつながると私たちは考えました。

日本の多くの地域では、人口減少や少子高齢化、地域経済の衰退などの問題を抱えており高岡市も例外ではありません。しかし、高岡に伝統工芸品をつくる面白い工場があると周知され、高岡に人が集まる流れを構築できれば、地域を維持発展させることができ、地方創生につながります。高岡の人はふるさと自慢ができるようになり、高岡の伝統工芸の価値も高まると思います。

そうした効果まで総合的に見据えて、父は新社屋を拠点として産業観光を推進する産業観光部を新設し、これが鋳物の会社が異業種とつながりを広げていくきっかけになりました。製造技術の革新、新商品の開発、店舗販売の拡充といった従来の方法で知名度を上げることに加え、観光需要の創出、工場の観光地化といった新しい方法も取り入れることで、会社と高岡をより多くの人に知ってもらうことにつながっていったのです。

産業観光部長には私が就くことになりました。父としては企画をゼロから考えることが好きな私が適任だと考えたのでしょうし、私自身も性に合っていると感じました。部には物流と総務を担当していた社員を移動させ、観光の視点を取り入れた新社屋の構想を練ることから始めました。

来場者の期待が膨らみ、また来たいと思われる場所にすること、口コミなどのユーザー生成コンテンツが増え、富山に行くなら高岡へ行こう、高岡のあの工場を見に行こうと思われる観光名所にするためには、きれいな建物を建てるだけでは足りません。製造の現場、技術、製品を魅力的に見せ、印象に残る演出や仕掛けを考える必要があります。

製造に使っている製品の型をディスプレイした「見せる倉庫」をエントランスにつくったらどうか。錫や真鍮を壁材として使ってはどうか。そのようなアイデアを建築士やデザイナーを加えて一緒に協議しながら、新社屋の構想がまとまっていきました。小さな子ども連れの親子が見学に来ることを想定して、おむつ交換台をつくったほか、キッズコーナーを設けたいとのアイデアも反映させました。

自分と同年代をメインターゲットに設定

産業観光事業はまったく新しい取り組みです。工場見学は以前から受け入れていたものの、会社にはマーケティング部門もなかったため、地域外からも多くの人を呼び込むノウハウはなく、果たしてどんな人がメインターゲットとなり得るのかもよく分かりません。今までターゲティングがされていなかったということは、つまり、自由に何でもできるということだと前向きに捉えて、新社屋のターゲットの選定もすべてゼロから考えました。

ゼロイチで何かを生む仕事は責任が大きいのですが、父が新しい挑戦の繰り返しによって轍(わだち)をつくってきてくれたこともあり、私は不思議とプレッシャーを感じずにその仕事を楽しめそうな気がしました。斬新なことをすると、伝統を守る、広く伝えていくといった目的から逸脱してしまう可能性がありましたが、私自身が自由に発想し、ほかにはない社屋にしようという気持ちで白紙の計画書に向き合うことができました。

まずはゴールを設定しようと考えました。重要なのは、旧社屋より多くの見学者を迎え入れ、会社と製品、職人の技術や伝統工芸の魅力を知ってもらうことです。そこで、事業開始から3年間は集客することを目標にし、一人でも多くの見学者との接点をつくろうと決めました。

ただし、メインターゲットはある程度まで絞り込む必要があります。新社屋で開催するイベントを企画したり、工場見学の完成度を高めたりするにしても、例えば地域の子ども向けと地域外の旅行者向けでは内容が大きく異なるはずだからです。

過去の工場見学者の属性や傾向を確認すると、年齢層も居住地もさまざまであると分かりました。地域の小中高生も来ていましたし、県内の大学生や専門学校生、若いカップル、高齢の夫婦、家族連れ、インバウンドの外国人も来ていました。メインターゲットを決めなければ具体的な施策も定まりません。

そこで30～40代の女性をメインターゲットに設定してみました。大きな理由は、食器などの製品は女性に人気があり、製品を通じたＰＲによって、伝統工芸のものづくりに興味をもってもらいやすいと考えたからです。また、こうした女性たちは子育て世代でもあります。もともと工場見学を始めた背景には、伝統を未来に受け継いでいく子どもたちに、ものづくりの魅力を感じ取ってほしいという考えがありました。しかし、子どもだけで見学に来ることはできません。同伴者の親が必要です。そのため、まずは母親層に興味をもってもらい、子どもを連れてきてもらうことができればいいと考えました。子どもはものづくりに触れて、母親は滞在を楽しんでくれれば、ママ友のネットワークで口コミが広がり、新たな来場者が期待できます。

もう一つの理由として、私の年齢と重ねることで、自分だったらこんな施設に行ってみたい、こういうサービスがうれしい、といった意見を当事者として出しやすいだろうと思ったからです。同年代の女性が興味関心を抱いていること、すてきだと感じること、食べてみたいものは見当がつきます。この感覚を活かせば、自然と共感を生み出す仕掛けをつくることができます。

カフェで自社製品を知ってもらう

私たちは一人でも多くの人に来場してもらい、伝統工芸に触れる機会をもってほしいと思っています。しかし、世の中の全員が伝統工芸や職人の技術に興味をもっているわけではありません。そんな方にも気軽に来場してほしいとの思いから、旧社屋にはなかったカフェレストランを新設しました。

観光地として人が集まる場所にするなら、飲食でゆっくりくつろげる場所が必要です。

ものづくりに興味がない人でもおいしいものは食べたいと思うでしょうし、メインターゲットにした女性や主婦層も、カフェがあれば友人とのお茶に利用してくれるはずです。

私たちはカフェを、能作ブランドを伝えるメディアと位置付けました。錫100％の食器を実際に使用した料理を提供することで、お客様に製品を体験してもらい、製品の特長を理解してもらえるだろうと考えました。

錫100％の食器は熱伝導率が高く、冷たい料理や飲み物を冷えた状態で楽しめるのが魅力で、カップや酒器は飲み物をまろやかにするとされます。デザイン性が高く、食卓を彩るものとして贈り物にも自家用にも適しています。

私たちは、職人が手づくりした錫製品の魅力を知ってもらい、日々の暮らしに取り入れてもらいたい、人々の日常に寄り添う製品でありたいとも考えていますが、実際は錫の食器に馴染みがない人も多いと思います。そのような人たちに向けて、錫の食器を体感できるカフェレストランを設けることにしました。

職人の憩いの場をつくりたい

工場は、夏場はサウナのように暑く、冬場は身を切るように寒いです。

職人の職場環境を少しでも改善し、快適に過ごしてもらうことが重要です。社屋で最も景色が良いところを職人の休憩室とし、一堂に会してゆっくりと昼食の時間を楽しんでもらえるよう広くて開放的な空間にしました。夏場の休憩時に身体を休められるよう休憩用の個室や、一人ひとりのロッカーを完備した更衣室にはシャワールームを設けました。

工場内の照明にもこだわりをもちました。私の幼い頃の記憶を辿ると、工場は薄暗く陰気な印象がありました。明るい空間のほうが気分を活動的にさせてくれたり、集中力を高めてくれたりするでしょう。そこで、職人たちの作業を明るく照らすことはとても重要に思えたのです。

製造現場は専門性が高いため職人同士で話をすることが多く、事務所とも物理的に距離が離れているため、なかなか現場外との接点がありません。私は、現場と事務所が分断されないように社内の一体感を醸成できる機会が必要で、新設したカフェレストランの機能が

「同じ釜の飯を食う」カレーの日

それを手助けしてくれるのではと考えていました。

そこで、社屋がオープンして2年ほどして始めたのが、月1回の「カレーの日」です。カフェのシェフが腕を振るったカレーを現場の職人と事務所の社員で一緒に食べます。同じ空間で同じものを食べながら時間を過ごすことで、コミュニケーションを図る機会が生まれるのではと考えたのです。

受注や販売を担う部署と、製造を担う部署はまれに意見が衝突することがあります。売り手は取引先からの注文に最大限に応えたいと考え、つくり手は一つひとつじっくりとつくりたいと考えることで、納期や生産量の折り合いがつかないのです。これはものづくりの会社にはよくあることかと思います。しかし、互いを知る機会を設け、コミュニケーションを増やせば、相手の課題を把握しやすくなります。売り手はつくり手がいるから自分たちの仕事が成り立っていると理解できますし、逆も同様です。

将来的に組織化を推進していくうえでも、自分の都合だけで考えず、他部署の事情を理解し、同じ会社の一員としてともに成長していく意識をもつことが大切です。そのためにも、カレーの日は「同じ釜の飯を食う」重要な場になると考えました。

工場見学で子どもたちの関心が高まった

新社屋は、構想から2年後の2017年に完成しました。何度も協議を重ね、デザインのプロたちのおかげでこだわりの社屋が誕生したのです。新社屋は、グッドデザイン賞、日本サインデザイン大賞（経済産業大臣賞）、日本インテリアデザイナー協会アワード大賞、ライティングデザインアワード（イギリス）など、国内外の賞を多数受賞しました。また、近隣の小中学校から見学に来た子どもたちには、おしゃれでかっこいいと評価され、新社屋の工場見学は以前に増してやりがいのあるものに変わりました。

工場見学は、私や産業観光部のメンバーが案内役となり、製造工程や伝統技術の説明をすることとしました。従来どおり、職人の繊細な技術を熱や音、においなど五感で感じ取ってもらえるように、ガラス越しで見学してもらうのではなく、工場内に入ってもらい職人の間近を通るルートを設定しました。

旧社屋でも丁寧に説明してきましたが、施設が狭く、一度に受け入れられる人数も少なかったこともあり、見学者に楽しんでもらえたのか不安がありました。新社屋での工場見学は、見学者にどれだけ満足してもらえるかを重視し、最高のおもてなしをしようと決めました。

工場見学は職人の技術を間近で見て、知ってもらうためのものです。特に子どもたちには職人の仕事を通じてものづくりや地場産業のすばらしさを理解してほしいと思っています。また職人には、自分たちの仕事が地域に誇れる仕事であると伝わってほしいと思っています。

見学して目を輝かせている子どもから、未来の職人が誕生してほしいと期待しています。たとえ私たちの会社に入らなかったとしても、ものづくりや伝統工芸に興味が湧けば、高岡のどこかで職人として活躍してくれる可能性は十分にあると思います。楽しそうに工場見学をしている子どもたちを見ていると、私も産業観光部のメンバーも期待が膨らみます。

小学2年生の時点で、将来は絶対に職人になって能作で働くと言ってくれた女の子もいました。母親からのメールによると、その子は母親と一緒に工場見学をして以来、私たちの大ファンになってくれたそうで、「職人になるためにはどうすればいいのか、能作で働くためには何をすればいいのか」と毎日のように質問するため、わが子の夢を叶えてあげるためにどのようなアドバイスをすればよいか教えてほしい、と書かれていました。私は、産業観光に本腰を入れて取り組んでよかったと心の底から感じました。彼女の目には、職人の技術が魔法のように映り、エントランスに飾られたいくつもの製品が宝石のように見えたのだろうと想像します。

デザイン経営の手法を意識して新社屋を完成させたことで、ブランドの見せ方や伝統工芸の伝え方を工夫でき、ものづくりの魅力が伝わりやすくなりました。産業観光の業務を任せてもらったことを私は改めてうれしく感じ、工場見学やカフェレストランといった、ものづくりの本質とは離れた取り組みでも確実に人々の関心を高めることにつながり、子どもに与える影響も大きいのだと確信しました。

新社屋になってからは、課外学習などで工場見学に訪れた子どもたちから手紙や絵が届くことも増え、職人や社員の目に触れるように休憩室にすべて飾っています。職人さんって

子どもたちから届く手紙や絵は休憩室に飾り元気をもらっている

かっこいい、ものづくりってすごいなどと書かれた手紙を読むと心温まり、励みになります。

私の子どもたちも卒園遠足で工場見学に来たことがありました。子どもたちは、「職人さんってすごいね」「ママの会社ってすてきだね」と言ってくれて、母親としても誇らしく思いました。

あるときは、案内していたグループ内の子どもが、「テーマパークより楽しいね」と言ってくれたこともあります。このような子どもたちの言葉を聞き、地方の小さな工場でも、来場者に楽しんでもらい、喜んでもらおうと本気で取り組めば、テーマパークと同じくらい心に残る場所だと子どもたちに感じてもらえるようになるし、そう思わせる仕掛けを今後もつくり続けていきたいと思いました。

案内係の個性を活かして満足度を向上

工場見学でありがちな、決められたルートを歩きながら説明を聞くだけの見学にならないよう、私たちは見学者ができるだけ楽しく過ごせるアイデアを練り、試行錯誤しながら内容を磨いていきました。例えば、小さな子ども向けには紙芝居で鋳物のことを伝えて、電車ごっこで見学するといったアイデアを取り入れたり、見学の途中にクイズやゲームを交えたりすることもあります。新しいアイデアを次々に試しながら、2回目、3回目と参加しても満足してもらえる工場見学にしようと取り組みました。

その方針が功を奏したのか、見学者は日に日に増えていきました。それに合わせて新たな案内係の採用を始めました。

増員にあたり、当初は解説のポイントを押さえた台本をつくろうかと考えましたが、やめました。決められた文章を読み上げるような口調になると、言葉に感情が乗らず、見学者との心の距離が生まれてしまうのではと思いました。せっかく足を運んでくれた人々とのつながりを深めるためには、日常会話や雑談も含むコミュニケーションが大事だと考え、なるべく自分の言葉で伝え、相手の反応を見ながら案内をするほうがいいという結論に至ったのです。

結果としてこれは良い選択でした。案内係はバックグラウンドがさまざまで、接客経験があり、私が驚くほど分かりやすく上手な案内ができる人もいました。また、子どもと接するのが得意で子どもに好かれる人、見学者からの質問にも細かく丁寧に説明できる人、雑談が上手で場の雰囲気を盛り上げるのがうまい人など、それぞれ個性があります。台本どおりの案内ではこのような個々の力は引き出せなかったでしょうし、私も彼らのスキルの高さに気づく機会もなかったかもしれません。英語が堪能な人はインバウンド対応で活躍するなど、頼もしい存在となっています。

こうしたすばらしい個性を踏まえて、私は見学者のグループと案内係をマッチングすることにしました。例えば、子どもたちのグループには盛り上げ上手な人、鋳造技術に興味がありそうなグループには丁寧に解説するのが得意な人を案内係にして、見学者の満足度を高めていったのです。その結果、見学者が増え、リピーターも増えました。

あるとき、工場見学の参加者から私宛てに新米が送られてきました。お礼を兼ねてどういう理由か電話をして尋ねてみると、工場案内の際に、私が会社愛と職人愛をもって説明する様子に感銘を受けたこと、私がそのときの雑談で白いご飯が大好きと言ったことから、私と会社を応援する意味でお米を送ってくれたそうです。以来、5年間毎年新米の季節になるとお米を送ってくださいます。

私と同じように、工場見学を機にすっかりファンになってもらっている案内係は少なくありません。このようなうれしい応援は、私たちが産業観光を始めなければ得られなかったと思います。できるだけ多くの人と接点をつくるために、個性を活かしてコミュニケーションを図るといった方針で取り組んできたからこそ、会社は新たなファンを生むことができ、存在感を高めることができたのです。

鋳物製作体験を通じてファンをつくる

工場見学とともに私たちが特に重視しているのが体験工房です。職人と同じ製法で、自らぐい呑みなど錫100%の製品をつくることができるのが特長です。来場者が五感で楽しめる工場にしたいという思いから、2017年の新社屋建設をきっかけに新設しました。

工房は40人程度を収容できる広さで、ちょうど観光バス1台分の来場者が一度に体験できるように設計しました。専門スタッフの指導を受けることができますので、錫100%

のものづくりを体験してみたいと国内だけでなく海外からお越しになる人も多いです。開始以来、老若男女問わず予想以上の人気を博し、満席になる日も少なくありません。

錫製品は、溶かした錫を流し込んでから3分ほどの短時間で固まりますので、できた自作の品を当日持ち帰れることも人気を集める要因です。例えば、工房でつくったぐい呑みを持って近隣の酒蔵で地酒を楽しむ企画なども喜ばれています。

これからも体験工房を通じて多くの人々に私たちの会社のファンになってもらいたいと私は願っています。スタッフもただつくり方を指導するのでなく、参加者との会話を楽しんでおり、参加者からのうれしい反応が仕事のモチベーションを高めることにもつながっています。

規模拡大のなかで新たな気づきを得る

工場見学も体験工房も順調に人気に火がつき、案内をするスタッフの数をその後15人規模まで増やしました。当時の工場見学は、1回あたり約60人の見学者を受け入れ、団体客を30人ずつに分けて工場内を案内していました。来場者が多い日では、これを1日に5回こなし、計３００人が工場を歩きます。春や秋の旅行シーズンや学校の校外学習があるときなどはさらに見学者が増え、１回の見学で１００人近くになることもありました。そうした繁忙期は３グループに分け、見学者の動線が重ならないように見学コースも三つに分けてスタートするなどの対応をしました。

工場見学参加者が予想以上に増えるとともに、体験工房やカフェも日々満席状態になりました。もともとスタートから3年間は集客を目標にしていたため、来場者が増えるのはうれしいことです。私自身、新社屋のオープンから約1年は毎日案内係として工場見学や体験の案内に携わっていたため、成果を振り返る余裕もなかったのですが、見学者の反応や表情から鋳造やものづくりに興味をもってくれているのが伝わりましたし、楽しそうに過ごしてくれている様子を見て私自身も幸せに感じました。

私は過去に「ギフト・ショー」などの展示会で商品案内をしたことがあったくらいで、人前に出て誰かとコミュニケーションをとる経験はありませんでしたが、人と話すのが好きですし、伝える仕事も楽しく感じました。職人、会社、伝統、そして自分たちなりの工夫や思いを詰め込んだ新社屋は、私にとって自慢であり、より多くの人に知ってもらうことが純粋に楽しかったのです。

うれしいことがある一方で、さまざまな問題も起こりました。カフェではコーヒーがぬるいと叱られたり、エントランスのガラス扉にぶつかった人がいたりと、謝罪のために私が東京に行ったこともありました。

私たちにとっては初めての経験です。その都度、お客様の意見を真摯に受け止め、施設を改善したりして迅速な対応に努めました。集客施設として、来場者の安全確保と快適な時間を過ごしてもらうことを第一に、目を配らなければならないのだと認識しました。

安全対策は想像力が重要

施設に人を呼び込む場合、特に重要なのは安全面の確保です。誰が見ても分かりやすく、誰にとっても安全な施設にしなければなりません。

まずは、つまずいたりしないように段差は極力なくし、足の不自由な人や車いす利用者向けにスロープやエレベーターを設備しました。館内の案内表示であるサインにも配慮し、館内の動線や見学にあたっての注意など、誰が見ても分かりやすいように表記する必要がありました。あらゆる人に快適に見学してもらうおもてなしの気持ちが大事なのだと

シンボリックな存在となった「能作のベル」

学びました。

社屋の庭には、能作ブランドの第1号製品で思い入れの深い真鍮製のベルを模した大きなオブジェ「能作のベル」があります。子どもたちが面白半分でよじ登ってしまうことを想定し、徹底的に補強して落ちたり倒れたりしないように対策しました。

職人の作業を見られるエリアは、高温になった真鍮や錫があり危険度が増します。そのため、見学ルートには白線を引いて立ち入り禁止エリアを明確にしました。また、フラッシュを使った撮影をすると職人の作業に支障を来すため、フラッシュ撮影禁止の注意喚起も追加しました。

ほかにも細かな安全対策はいくつもあります

が、対策を講じながら私たちが学んだことは、施設をつくって完結ではなく、その後も来場者の立場に立って物事を考え続け、施設を万全に整えていくことが重要だということです。集客施設を運営するうえでは、予想外の出来事が起き、誰かが大けがをする可能性もあります。事故を未然に防ぐには、私たちが想像力を働かせ、先回りして予防していくしかありません。私も産業観光部の案内係も日々、見学ルートや館内の動線を細かく確認しながら、ここは滑りやすいのではないか、落雪の注意喚起があったほうがいいのではないかなどと考え、対策を増やしていきました。

見学ルート上では、職人の作業が見られる場所は混雑します。人の流れについても一つひとつ確認し、ここで待たされると退屈しそうだ、反対側から回ったほうがストレスに感じないのではといったことを考える習慣が身につきました。おかげで施設の安全管理や快適な動線づくりといった点で私たちの知見は増えました。ほかの施設に行ったときにも、常に動線や安全管理についてどのように配慮して設計されているのか気になるようにもなりました。今後もより良い方法を見かければ、さらなる安心安全の実現に向けて参考にしたり、積極的に取り入れたりする予定です。

職人の意識も変わった

工場見学が活性化したことで、私や産業観光部のメンバーはうれしい手応えを感じていました。一方、職人には困惑や不満を感じている人もいました。仕事の様子を見せることは旧工場の頃から慣れています。しかし、見学者の人数が急に増えたことによって気が散ったり、日々の仕事をやりづらく感じたりする人が増えたのです。

そもそも職人は伝統工芸のものづくりの担い手であり、産業観光を目的に仕事をしているわけではありません。会社が産業観光事業という異業種に力を入れることについても、私の体感では、当初は半分ほどの職人が賛成し協力的である一方、残り半分は懐疑的、または反対の立場だったと思います。

そういう状況で、私や産業観光部のメンバーができることは二つしかありません。一つは、職人の仕事の邪魔にならないように見学者の交通整理をし、必要に応じて動線を変えるといった改善を進めることです。フラッシュ撮影を禁止するのもその一部で、まずは仕事に支障を来さないようにすることがものづくりと産業観光を両立させる重要なポイントです。

二つ目は職人への説得です。会社がなぜ産業観光に力を入れるのか、地域内外の人を呼び込むことでどのような効果が得られるのかといったことを丁寧に説明します。産業観光や工場見学に対する考え方は個人差が大きく、協力的な職人は自分たちが注目されることを喜んでくれます。イベント時には、来場者にどこから来たのか、どんな工芸に興味があるのかと質問したり、技術について細かく解説したりして、積極的にコミュニケーションをとってくれる人もいます。しかし、静かに集中して仕事をしたいと考える人もいます。仕事への影響よりも、とにかく急に見学者が増えたことに戸惑っている人もいます。産業観光を成立させるためには、そのように感じている人も含めて社内全体で協力していく必要があります。私は時間をかけて彼らと話し合い、どうすれば負担なく仕事ができるか探り続けました。

そのような話し合いを続けながら1年ほど経つと、現場からはほとんど不満の声が出なくなりました。私や産業観光部のメンバーの説得も一因になったでしょうが、もっと大きな理由は慣れだと思っています。集中して仕事をしているときに誰かが後ろに立てば、最初は誰でも気が散るでしょうが、その状態が毎日続くと徐々に気にならなくなります。そういうものと思って目の前の作業に集中できるようになるのです。

また、見学者は好意と尊敬の気持ちで職人の仕事を見ています。かっこいいとか、すごいといった感想も出ます。そういった声を聞いて嫌な気持ちになる人はいません。自分たちの技術や自分たちがつくり出す製品に誇りをもつようになり、やがて、誰かに褒められながら仕事をすることがうれしくなっていくものなのです。

そのような気持ちの変化は、おそらく職人同士のコミュニケーションでも共有されていったのだと思います。ある頃から、来場者が増える時期の前になると、彼らが率先して現場を隅々まで掃除するようになりました。もちろん私が指示したことではありません。おそらく、せっかく見に来てくれるのだからきれいにしておこう、工具でけがをしないように片付けておこうといった考えが職人たちのコミュニケーションのなかで生まれたのだと思います。また、月に一度は全社員で会社施設と周辺の清掃活動をしています。

職人にとって昼休憩は貴重な時間ですが、見学者が多いときには休み時間をずらして作業の様子を見せてくれる職人も現れ始めました。イベント開催時には絵の得意な職人が来場者を迎える工場の扉にイラストを描いたり、連休中に作業を手伝いに来てくれたり、工場見学を盛り立てていくための変化も各所で見られるようになりました。

この流れを活かして、私は職人と見学者が触れ合う企画も考えました。例えば、小学生向

絵の得意な職人がイベント開催時に描いた工場扉のイラスト

けの夏休みの自由研究プラン「『いもの』を学ぼう！」と名づけて、職人と一緒に夏休みにものづくりに触れる企画です。工場見学や鋳物製作体験はもちろん、オリジナルワークブックを使って学習したり、製造に用いる砂や金属などの「職人のタカラ」を工場で集めたり探したり、職人への質問タイムを設けたプランは、全国から予約が殺到するほどの人気を集めました。

「どうして職人になったのですか」「何が一番大変ですか」といった小学生からの質問に、職人たちは一つひとつ丁寧に回答するうちに、子どもたちとの会話を楽しむようになったのです。

夏休みの自由研究というテーマに着目したのは、小学生の子どもをもつ社員の声がきっかけでした。

普段の工場見学では職人は自分の技術を「見せる立場」でしたが、この企画では、ものづくりをするだけではなく、その背景にある楽しさ、魅力、価値、時には自分が職人になったストーリーなども含めて「伝える立場」として参加してもらうようにしたのです。このような施策によって、参加者にはより付加価値の高い体験を提供できるようになりました。また、職人も参加者との触れ合いを楽しみ、そこに価値を感じてくれるようになったのです。

変化がよく分かったのは、コロナ禍で受け入れを休止したときです。職人にとっては3年ぶりに誰も見ていない場でのものづくりとなり、現場からは誰もいないと寂しい、張り合いがないとの声が聞こえてきました。そのような声を聞いて、かつては困惑や不満があった職人たちに、気持ちの面で大きな変化が起きていたのだと私は確信したのです。

産業観光事業の可能性

新社屋が評価され、工場見学や鋳物製作体験、カフェの利用者も増え続け、あらゆることが順調に進んでいました。来場者がSNSで情報発信してくれたり、子どもと一緒に来場する親たちのネットワーク内で口コミが広がったり、鋳物屋が観光を手がけるという点に珍しさや面白さを感じて取材しくれたメディアの反響もありました。

新社屋の来場者は1年目で10万人を記録しました。これは高岡市でみてもトップクラスの集客です。高岡には年間約17万人が参拝する国宝・瑞龍寺(ずいりゅうじ)と年間約10万人が拝観に訪れる高岡大仏があり(高岡市産業振興部観光交流課調べによる)、あっという間に私たちの社屋も2施設の水準に並びました。

職人の技術を見せることによってものづくりや伝統工芸を広めることを狙いとしていますが、同時に高岡や富山の魅力、あるいはもっと別の何かと結びつけることで、産業観光はより大きな影響力をもってものづくりと伝統工芸を周知していけるという可能性を実感したのです。

見学者の声をヒントに、新社屋で錫婚式が実現

工場見学などで来場者と会話をしていると、1年に何組か錫婚式の記念日旅行で立ち寄ったという人がいました。錫婚式は、結婚25周年の銀婚式、結婚50周年の金婚式と同じで、結婚10周年の節目を祝う式です。私たちはそうした見学者の声をヒントに、新社屋を会

場として結婚10周年の挙式を執り行うサービスにつなげていったのです。

私たちは錫１００％の製品をつくっていますので、錫婚式があることは知っていましたが、ブライダル業界の領域で、ものづくりを生業とする私たちとはつながりがないと思っていました。錫婚式に一定の需要があるなら、私たちが何かサービスを考えることで、錫製品についてもっと知ってもらえる機会をつくれるはずです。カフェを考えたときは、料理と錫の食器のペアリングで製品の魅力を伝える方法を考え、結果うまく機能しています。錫婚式も同様に、錫製品をうまく関わらせることができそうです。錫婚式はメインのターゲットとしている30～40代の女性層とも合致しますし、カフェや工場見学の経験を踏まえて、新社屋に来る人たちに向けた新たなサービスをつくりたい思いもありました。

錫婚式についてインターネット検索してみても、いくつか記念品としておすすめの商品が出てくるだけで、錫婚式に特化したサービスは見当たりません。父や職人は「モノ」をつくることで錫製品の認知度を高めてきました。職人としての経験がない私は、ものづくりではかないませんが、工場見学をはじめとする「コト」、企画をつくることが得意です。「コト」を通じて錫製品、ものづくり、伝統工芸を広めるのが私の役目だと思ったのです。

そう考えて、私は２０１９年に錫婚式の事業化を進めることにしました。ブライダル分野はまったくの未経験ですが、錫をキーワードとして新しい業種とのつながりをつくり出そうと考えたのです。

協力会社が見つからない

錫婚式のイメージは膨らみ、内容もすぐに固まりました。基本的な内容は結婚式と同じです。夫婦を祝い、子どもがいる場合は家族を祝い、思い出の式を実現します。私たちは錫製品をつくっていますので、錫もセレモニーに絡めます。例えば三三九度の儀式には錫の盃を使います。10年間の感謝を表し、新たな誓いを立てるために、夫婦や家族で錫のプレートに記念の刻印をする儀式も考えました。夫婦や家族で楽しむ食事はフルコースの料理にして、錫の食器を使います。また、10年の節目に夫婦と家族で楽しむ錫の記念品づくりのワークショップも考えました。記念日は写真に収めたいものです。特別な一日を撮影し、結婚当時の写真も織り交ぜたフォトブックも考案しました。

こうしたアイデアを詰め込んで、過去に例のない錫婚式の形が出来上がっていったのです。私たちにはセレモニーのノウハウも衣装やヘア・メイクの技術もないので、結婚式場やブライダルの会社に協力してもらう必要があります。

しかし、思いのほか難航しました。私の頭の中には、錫婚式を喜び、幸せな思い出を増やす夫婦や家族のイメージができているのですが、その詳細を企画書にしてブライダル会社などに持っていっても、なぜ鋳物の会社がブライダルをやりたいのか、と共感されず、協力してくれる会社がなかなか見つからなかったのです。

父が自社ブランドを立ち上げたり、錫１００％の製品を開発したりしたときと同じで、真新しいアイデアはなかなか理解されないものだと痛感しました。事業となると収益性も考えなければならないので、リスクとリターンのバランスにもシビアになります。

錫婚式は結婚式と比べて予算額が低く、未開拓の市場で需要も確立しておらず、利益になりにくく収益も安定しないだろうという予想から、前向きに検討してくれる会社を見つけることが難しかったのです。私は、衣装、ヘア・メイク、着付け、記念撮影、食事まで含め、本格的な式をやりたいと構想していましたので、諦めず、挙式のノウハウをもつ協力先を探し続けて奮闘しました。

これが奏効して少し前進しました。富山県ウエディング協会の賛同を得て、衣装やカメラマンなどの協力先を見つけることができ、少しずつ異業種の人たちとつながったのです。

見せる式から向き合う式に改善

錫婚式を構想して3カ月後、ノウハウをもつ会社との準備が進み、半年後にはサービス化が実現しました。

さっそくモニター役として挙式してくれる夫婦を探し、1組目の錫婚式を新社屋で挙行できました。その後も問い合わせを受けて、何組かの錫婚式を執り行いました。

実際に式をしてみると、私たちのイメージと式を挙げる人たちのニーズにギャップがあることが分かりました。私たちは、夫婦や家族の幸せな姿を親族や友人に祝福してもらうことに重点を置いた結婚式のような式をイメージしていました。しかし、挙式した人に感想を聞くと「喜んでくれた一方で友人に披露し祝ってもらうのは恥ずかしかった」「どう振る舞っていいか困った」と言います。結婚10年となると子どもがいる夫婦も多く、式が進行するなかで子どもが退屈しているのが分かりました。

私たちは錫婚式のコンセプトを根本から見直すことにしました。錫婚式を祝う夫婦や家族は、10年という節目にこれまでの足跡を振り返るとともに、今後も仲良く幸せに過ごしていくことを夫婦、家族で確認する節目の儀式を求めています。結婚式は周りの人たちに向けて披露する外向きのイベント要素が強いのに対し、錫婚式は内向きでパートナーや子どもと向き合う儀式と捉えました。夫婦が互いと子どもに感謝する、これからも仲良くしていこうと誓うための式で、参列者がいなくても成立しますし、周りの誰かに祝福されるかどうかは本質ではないのです。

そこで私たちは錫婚式の内容をリメイクしました。フォーマルな式として、進行などは厳粛に進めつつ、結婚式のような形式にはとらわれず、感覚的には家族イベントに近いスタイルに仕立て直すことにしたのです。

外向けではなく夫婦と家族のためであれば、友人などが参列する必要はなく、華美な装飾はあえてしない小ぢんまりとした会場のほうが余計な緊張感がなく、落ち着いた雰囲気を演出できます。内容も10周年を祝ってもらうお披露目ではなく、夫婦それぞれの10年間のストーリーをメインにすると位置付けし直して、夫婦が互いに感謝し、これからについて誓うアニバーサリーに変更しました。

「モノ」と「コト」を提供して人生に寄り添う

コンセプトと内容を見直したことで、錫婚式は夫婦や家族にとって満足度が高いアニバーサリーイベントになり、サービスを利用する人たちが増えていきました。

結婚10周年に至るそれぞれの夫婦や家族には、何ものにも代え難いそれぞれのストーリーがあります。例えば、入籍時には離れて暮らしていたり予算がなかったりして、結婚式を挙げていない人がいます。妊娠中だったので着たいドレスを着られなかった人もいます。結婚後の10年はさらにさまざまで、仕事の苦労があったり、子育ての苦悩があったり、そして、いくつもの困難を乗り越えてきたことについて、パートナーへの感謝の気持ちがあります。私たちは、二人の足跡をしっかりと振り返ることが良い錫婚式にするポイントだと考えました。そこで、夫婦それぞれに詳しくヒアリングをして、互いの気持ちを包み隠さずに伝えられるオーダーメイド感覚の式づくりを目指しました。子どもがいれば、その子にもメッセージを伝えたり誓いの刻印に参加したりするなどの役割を担ってもらい、10年の節目に、改めて家族の一体感を醸成できるような式にしようと考えました。

こういった取り組みに力を入れていくことで、錫婚式での私たちの役割も明確になりま

生まれてきてくれてありがとうの想いをこめて

した。私たちはただ錫婚式サービスを提供するのではなく、夫婦と家族の人生に寄り添う存在です。

私たちは「モノ」づくりの会社です。産業観光に関しては「コト」を提供しています。そして、錫婚式を始めたことで、私たちはそれ以上の役割を担う存在になっていきたいと思ったのです。

利用者の声を聞いて細かな改善を加える

新社屋を拠点とするカフェ利用や工場見学は、産業観光事業の活性化を目的として集客を目指しましたが、錫婚式は1組1組の気持ちに寄り添い、数より質の向上を目指しました。そのため、自社ウェブサイトなどでの告知を除いて大きなＰＲはしませんでした。

それでも、２０１９年のサービス開始から3年間で約１００組が挙式しました。平均すると月３組ほどのペースで、コロナ禍がなければ数はもっと増えたと思います。その後、著名なブライダルファッション界をリードする桂由美さんのブランド「ユミカツラ」とのコラボレーションや、ブライダル産業フェアでセミナー登壇の依頼を受けるなど、徐々にですが着々と認知度が高まってきました。

私は企画者として、ほぼすべての錫婚式に打ち合わせ段階から関わり、挙式当日も進行役として参加しています。挙式後はヒアリングをして、今後より良いサービスの提供ができるように施策を練っています。

錫婚式は、富山県外から旅行を兼ねて参加する人が多いため、会場で提供するフルコースの料理には富山の食材を使うことを検討したり、子どもが退屈しないようにキッズコーナーを充実させたり、セレモニー会場の整備を続け、より満足度を高める空間づくりを目指しました。錫婚式を運営する社内のメンバーや協力先の会社からも意見を募り、さらなる改善に役立てました。

改善しながら感じるのは、「モノ」と「コト」の改善は違うということです。これまで私たちがつくってきた鋳物などの「モノ」は、ものづくりの現場改善などを含めて効率化を図ることである程度の改善が期待できます。生産性と品質を両立させることが重要で、そのための施策も合理的に考えていくことができます。

一方、サービスなど「コト」を評価するのは人であり感情です。感情は価値観、雰囲気、思い出などに影響を受けるため、生産効率のようにこうすればこうなるといった明確な答えを出すことが難しく、そもそも万人に共通する答えがないともいえます。満足度を高めるにはおもてなしの気持ち、寄り添う気持ちを高めるしかありません。錫婚式は過去に例がないため、私は産業観光でターゲットを30~40代の女性に絞ったときのように、私自身を基準として考えてみました。私が挙式する女性だったら何をうれしいと感じるか、夫はどうか、子どもはどうかといったことを考えて、利用者が共感できそうなアイデア、思いつき、気づきを改善策に活かしました。

自分の頭の中だけで考えると独りよがりになり、利用者のニーズとズレが生じがちです。錫婚式も出だしはズレがありました。かといって利用者の声だけを聞いていてもニーズが多様でまとまりません。重要なのはその間をバランスよく狙うことです。自分が主体となり、当事者として共感できる内容を考え、そのうえで利用者の声を反映させてニーズに近づけます。この組み合わせによって錫婚式サービスの完成度、満足度を高めていくことができるのです。

錫婚式を文化にしたい

錫婚式を挙行した夫婦のアンケートを読むと、約半数の夫婦がパートナーに対する意識や夫婦関係が変わったと答えていました。利用者の人生に寄り添うことで心を満たすことを目指す私たちとしては、この数値を高めていくことが今後の大きな目標となりました。

錫婚式は夫婦や家族の関係性をリフレッシュする機会になり、夫婦円満、家族円満のための効果も大きいのではないかと思いました。厚生労働省の「令和4年度 離婚に関する統計の概況 人口動態統計特殊報告」によると、離婚した夫婦の同居期間について年次推移を見ると、同居期間が5年未満の割合が最も多く、次いで5~10年です。仕事や子育てが忙しくなり、夫婦でコミュニケーションをとる時間が減ることが一因だと考えられます。夫婦関係や夫婦の会話に対する満足度については、10~20年で不満が高まるというデータもあるようです。

日常ではなかなか伝えられない感謝の気持ち

夫婦関係は一筋縄ではいきません。意見がぶつかることもあるものです。しかし、10年の歩みを振り返ってみれば互いに感謝することも多いはずですし、振り返りができるのが錫婚式の良いところといえます。感謝している人もたくさんいますが、照れがあったりタイミングがなかったりして、なかなか気持ちを伝えられないこともあると思います。錫婚式が相手への感謝を示す節目として広まっていけば、夫婦の絆を深め、改めてお互いの大切さを認識することができます。

錫婚式の申し込みの時点で「妻に感謝の意を伝えたいので錫婚式をやりたい」「日常ではなかなか言えないのでサプライズの錫婚式にしたい」と希望される男性もいました。

アンケートでも「結婚した当時のような気持ちになれた」「互いを大切にする気持ちが強まった」「信頼関係や夫婦仲がいっそう良くなった」「互いにたくさん話すようになった」「優しく接することができるようになった」といった声が多く、夫婦が改めて向き合う機会が求められていると私は思うのです。

子どもがいる夫婦の錫婚式では、夫婦が互いに感謝し、これからも仲良く幸せに過ごしていきましょうと誓い合う姿に、子どもが感動し、なかには涙を流す子どももいます。そうした場面に立ち会い、私は錫婚式サービスを始めてよかったと思います。

事業として錫婚式を盛り立て、錫製品の認知度向上や売上に結びつけていきたい思いはあります。しかし、世の夫婦が錫婚式によって10回目の結婚記念日に互いに向き合うことが、今後、日本の慣習となり、文化として根付かせていくことができればとても大きな意義があるのではと考えています。

異業種との連携で錫婚式が広まり始めた

錫婚式を挙げた夫婦と私たちは、打ち合わせから挙式後のアンケートまで長く付き合うこともあり、関係性が深くなります。挙式から1年、2年と長く連絡を取り合っている人もいますし、礼状や年賀状などをもらったりすることもあります。錫婚式をきっかけに錫製品に興味をもって購入してくれる人や、小旅行で再び社屋を訪れてくれる人もいることは、私たちにとってこの上なくうれしいことですし、今後も「モノ」と「コト」の両面から人生に寄り添い続けていこうという意識が高まります。

PRという点では、錫婚式に注目した背景や事業内容について講演してほしいという依頼が来るようになりました。また、県外のホテルやレストランなどから、錫婚式に絡めた企画をつくりたいといった監修やコラボの依頼も増えました。結婚式場から、錫婚式を始めたいのでプロデュースしてくれないかという依頼も受けています。

錫婚式を日本の文化にしたいと考えている私たちにとって、これはとてもうれしい依頼です。現実的に考えると、能作の社屋を会場として行うと1日1組限定でしか挙式できません。ホテル、レストラン、結婚式場といった異業種に注目され、業種の垣根を越えてより多くの人が関わることで、より大きな規模で錫婚式を全国的に広めていくことができます。

2022年11月には、北海道のブライダル施設4会場で挙行する錫婚式の監修と販売も始めました。旅行を兼ねて錫婚式を祝いたいという家族の要望は多く、旅行先として人気の高い北海道だけに、販売開始後2週間で予約や問い合わせが20件近くに達する人気ぶりです。また、2023年4月より、東京のラグジュアリーホテルとのコラボレーションで宿泊プランの販売も開始しました。そのほか、各都道府県の結婚式場からもプロデュース依頼の引き合いがあり、私は錫婚式の事業展開に大きな手応えと可能性を感じています。

第4章

職人の技に触れる工場見学会、地元の食材を楽しむカフェ、季節ごとのイベントで「地域とつなぐ」

――マーケットインの思考で地元のファンを拡大

五感を通じて会社を知ってもらう

伝統工芸と地域は密接な関係です。私たちが拠点を置く高岡市を例にすると、銅器には400年超の歴史があり、銅器を通じて高岡の名前を広めてきた一方で、行政や市民が地域の伝統工芸として「高岡銅器」を広めてきました。私たちはその長年の歴史を受け継ぎ、技術を伝承し、100年超にわたって地域とともに育っています。そのことは父もかなり強く意識し、工場見学などを通じた地域の人との交流に注力してきました。新社屋に多くの人を呼び込み、産業観光を盛り上げていこうと決めたのも地域とのつながりを強くするためです。

会社は製品や事業のPRに関する基本方針として、大掛かりな費用をかけることはなく、そのための予算も立てていません。理由としては、広告よりもものづくりの現場改善、職人の技術向上、社員の満足度向上といったことに優先してお金を使いたいという考えもありますが、他方では、地域が自分たちの製品や技術を広めてくれるという考えがあります。

地域が認めてくれる製品をつくれば、地域の人たちは自然とその製品を地域外の人に広めてくれます。また、職人の技術や私たちの存在を誇りに思ってくれれば、私たちのことを自分事のように感じ、地域自慢の感覚で私たちのことを広めてくれます。

そういったレビューや口コミなどのユーザー生成コンテンツは、最強の宣伝効果を生みます。地域の人に私たちを知ってもらい、共感してもらうことで、自然発生的に私たちの製品や技術を広めてくれるようになることがＰＲの本質なのです。

２０１７年に建てた新社屋は、私たちをより多くの人に知ってもらう重要な舞台になりました。例えばカフェは、もともとは観光には飲食がつきものだろう、来場者の満足度向上につながるだろうと考えたことから始めたものですが、料理に錫の食器を使うことで私たちの製品の魅力を伝えるメディア機能を果たしています。いわばカフェは有料広告に代わるＰＲ施策の一つになっているのです。単に広告を出稿して社名や製品を知ってもらうのではなく、見たり味わったりすることを含め、おいしい料理と楽しい時間を提供し、能作ブランドの魅力を雰囲気ごと五感で感じ取ってもらうことにより、私たちのことを知ってもらっているというわけです。

立地より内容で勝負したい

カフェを構想した当初は、こんな辺鄙な場所にカフェをつくっても流行らないだろうという声がありました。新社屋は最寄り駅から徒歩30分以上かかります。アクセス面だけみれば、わざわざランチを食べに来る人は見込みづらい環境です。

しかし、私は不安に感じませんでした。まず構想当初から売上や利益目的の収益性ではなく、ブランドのＰＲのためにつくるものと割り切っていたためです。また、流行らない、人が来ないと考えるのではなく、どうやったら流行るか、どうすれば来てもらえるかを考えればいいとも思いました。

赤字でもいいとは思いません。しかし、収益性よりＰＲに重点を置くなら、できることはいろいろあります。まずは利用者の満足感を高めるため、メニュー内容や盛り付けに徹底してこだわりました。錫の食器の魅力を引き出すにはどんな料理が良いか、どんな見せ方ができるかといったことを議題にして、メニュー案はもちろん、テーブルに置くメニューブックのデザインに至るまで、カフェのシェフやスタッフ、デザイナーとともに考えました。

メニュー案は、私も自宅であれこれと考えました。ポイントは錫の食器と料理の組み合わせです。錫の食器は熱伝導率が高いため、熱々の料理を入れるとすぐに器に熱が伝わり、器ごと熱くなってしまいます。反対に冷たい料理には適しているので、富山名産の新鮮な刺身を使ったメニューを提供すれば、味が良いので喜ばれるだろうと考えました。しかし、提供価格は高くなってしまいます。和食ならほかにどんな料理ができるか、洋食ならどうか、地域にはエスニック料理の店が少ないため、もしかしたら東南アジア料理がいいかもしれないなどと考え、スーパーマーケットで買ってきた食材を盛り付けてみたりしながら試行錯誤しました。

最終的に辿り着いたのは、地元の野菜をふんだんに使った採れたて野菜のサラダです。私と同年代の30～40代の女性を新社屋のメインターゲットと設定したことを念頭に置き、ヘルシーで見た目も美しい新鮮なサラダを中心にほかのメニューも考え、ランチを中心とした運用にしていくことに決めました。また、ランチ後のアイドルタイムを活用し、錫の器で楽しむアフタヌーンティーもつくり、ティータイムも楽しめるようにしました。このようにして私たちらしいカフェレストランの形が出来上がっていったのです。

原価にこだわらないから良い料理が生まれる

普通に考えれば、カフェレストランは料理の味と店の雰囲気が重要で、おいしい料理と楽しい時間で利用者の満足度を高めることが大事です。ＰＲの視点で考えると、それに加えて錫の食器も主役の一つです。錫の食器をいかに魅力的に見せるかが重要で、そのためにメニューの幅を広げ、料理の質を高めています。私たちにとって飲食事業は、錫製品の魅力とその背景にある職人の技術や伝統工芸の価値を表現する手段であり、利用者と鋳物の世界を結びつける貴重な接点なのです。

経営の視点で考えると、食材の仕入れ原価や人件費などを考慮しながらメニューやオペレーションを決めていくのが一般的だと思います。しかし、私たちはブランドのＰＲを出発点としているので、原価率は一般的な飲食店とまったく異なります。ホテルのレストランでの勤務経験があるシェフにも「そんなに原価を掛けていいのか」と当初は質問されました。しかし私は、原価を抑える方法を模索するより、原価を掛けても錫の食器とおいしい料理を掛け合わせ、見た目も味も満足できる楽しい料理を企画してほしいと伝えました。またホールスタッフには、料理を配膳する際に錫の食器の使い方を紹介するなど、お客様とのコミュニケーションを大切にする接客を心がけるように伝えています。

これが、私たちのカフェが流行る要因になりました。シェフは、普通であれば少しでもコストを抑えてくださいと指示されるでしょう。しかし、私たちはコストがかかってもいいと言うので、つくりたい料理をつくれます。よりおいしい料理を考え、より楽しい時間を過ごしてもらうために工夫できる余地があるため、スタッフもモチベーションが高まり、出来上がる料理の質も高まります。

例えば、ティータイムのメニューに「かくれんぼシフォン」というスイーツがあります。見た目は普通のシフォンケーキですが、ナイフを入れると中からゴロゴロとフルーツが出てくるケーキです。これは鋳物を型から取り出すときの様子をイメージしたものです。こういうアイデアが出てくるのも、コストなどにとらわれず、面白い料理をつくって利用者を楽しませようというモチベーションが高いからだと思います。

料理が充実すれば利用者の評価も高まります。驚きや楽しさがある料理は、SNSなどで自然にユーザー生成コンテンツが増え、拡散されていきます。これはPR効果という点で私たちが狙っていたことで、実際、利用者のSNS投稿は、製品やブランド、高岡の伝統工芸の認知度向上という点で強力なPRになっています。メニューの原価率が多少高くても無償の広告ができていると考えれば決して高くはないといえます。

口コミサイトのレビューやSNSを通じて利用者の声を聞き、料理やサービスが高評価を得ると、シェフやスタッフの仕事に対する意欲はさらに高まります。ここでしか味わえない料理を考えよう、ほかでは楽しめない企画を練ろうというやる気にあふれ、魅力ある料理ができる相乗効果が生まれます。

実際、新メニューの企画会議ではシェフもスタッフもいきいきとした表情をしています。シェフがつくった素案となる料理をもとに、カフェスタッフだけでなく広報担当やSNS担当も加えて、こんな仕掛けがあったら利用者はSNSに投稿したくなるのではないかとアイデアを出し、完成させていきます。私もこの会議が楽しく、鋳物屋ですが、シェフやスタッフとスイーツの話で熱く議論したりしています。

カフェを中心につながりが広がる

カフェは、地域の人のリピート利用を生み、SNSの拡散効果でさらに多くの人を呼び込み、開業から1年ほど経った頃には常に賑わいを見せる人気スポットになりました。

最寄駅から徒歩30分以上かかる立地のカフェで、しかも工場併設の飲食店としてはかなり多くの席数となる70席を用意していますが、それでも土日は満席になり、平日のランチタイムでも待ち時間が出ることがあります。

原価や人件費をかけるカフェが独立採算で黒字になり、2号店を出しませんかと提案を受けるようになるとは思いもしませんでした。

カフェが評判となった頃から、外部とのつながりも生まれました。例えば、ホテルやレストランからコラボレーションの提案を受け、錫の器を使ったフルコース料理が実現しました。プロの料理人とのコラボレーションで、かつての人気番組「料理の鉄人」で知られる五十嵐美幸シェフ監修の中華料理メニューをつくるといった企画も実現しました。

地域とのつながりも強まりました。富山県にはおいしい水産物や野菜がたくさんあり、魅力をPRすることを目的に、地域の食材を使った地産地消メニューを提供するプロジェクトも生まれました。地域の応援は地場産業である私たちの重要な使命であり、役に立てるのはうれしいことです。当初はそんな展開までは想像していませんでしたが、カフェが人気になるにつれて地域とウィン・ウィンの関係を構築できるようになったのです。

コロナ禍で来場者がゼロに

新社屋を拠点とした地域とのつながりでは、工場見学が改めて重要な役割を担うと私は捉えています。旧社屋の頃から続けてきたことですが、新社屋になって現場がきれいになり、職人の作業が見やすくなりました。専任の案内係を採用したこと、そして職人たちも率先して見学者を受け入れてくれるようになったことで、見学者とのコミュニケーションも生まれて工場見学の面白みが増し、質が向上しました。

工場見学や、職人の技法を体験する錫の鋳物製作体験は人気のコンテンツになり、来場者数も右肩上がりに増え、まだまだ増えていく可能性があったなか、開始から3年で一時的に中断を余儀なくされます。２０２０年初頭からのコロナ禍のためです。

会社としては職人や社員の健康と安全を守らなければなりません。また、流行当初は富山県内の感染者がほとんどいなかったため、工場見学でクラスターが起きると対外的な企業イメージにも大きく影響します。そのような事情から工場見学は早々に中止にしました。

直前の年間の来場者数は13万人まで増えていました。月あたりで1万人超、１日３００人以上の来場者が訪れていましたが、一気にゼロになるのは大きな変化でした。

できることを探して地域のつながりを維持

感染リスクがある以上、来場者を呼び込むわけにはいきません。コロナ禍がいつ終わるのかも分かりません。飲食店や集客施設は、このときは大きな不安に襲われたはずです。私たちは製造がメインですが、工場見学とカフェに力を入れ、産業観光が良い波に乗り始めていただけに、せっかく築き上げてきた地域とのつながりが弱まってしまうのではないか、絶たれてしまうのではないかという不安を感じました。

環境が変わった以上は戦略も変えなければなりません。どうしようか、私たちに何ができるだろうかと考えたとき、真っ先に浮かんだのが地域の子どもたちのことでした。

コロナ禍の影響で、娘が通う保育園では卒園に向けたあらゆるイベントがキャンセルになっていました。思い出のないまま卒園するのはかわいそうですし、地域には似た境遇の子どもたちがたくさんいるだろうと容易に想像できました。

そこで、自宅でもできる思い出づくりになればと思い、チョコレートを型に入れて成型するキットをつくることにしました。チョコレートと鋳物はつくり方が似ていますから、チョコレートづくりを楽しみながら、鋳物について少しでも学んでもらえたら、私たちも

鋳物のつくり方をチョコレートづくりで学べるキット

うれしいと思ったのです。超特急で約3000個のキットをつくり、高岡市内の保育園と学童保育に無償で配りました。

また、コロナ禍が少し落ち着き近隣の学校が再開してからは、ものづくりについて話す出張授業を保育園や小学校で行い、計500人ほどの子どもたちに授業しました。工場見学は誰が来るか分からない、来るもの拒まずの姿勢が基本で感染対策が難しいのですが、こちらから出向くのであれば対策しやすくなります。コロナ禍でもものづくりや伝統工芸の魅力を伝えることの重要性を強く感じ、コロナ禍での唯一の接点ともいえる出張授業で地域とのつながりを維持していくことにしたのです。

ものづくりに触れる機会が増えていく

出張授業は45分で、その都度、子どもたちの反応を見ながら内容を変えました。授業の内容は私たちのことや鋳物の話だけにとどまらず、ものづくりについて、高岡についてなど、子どもたちにとって難し過ぎず、ものづくりの世界に興味をもってもらうきっかけになりそうなテーマを選びました。

例えば、錫の「KAGO」を1人に1枚ずつ用意して曲げてみたり、錫の薄い板で動物をつくるワークショップをしたり、クイズを主題したりと、子どもたちが楽しめる内容を準備し、スタッフたちは連日、コロナ禍でできる最大のパフォーマンスに取り組んだのです。

出張授業は想像していた以上に好評でした。高岡市にはもともと小学5、6年生と中学1年生を対象とした「ものづくり・デザイン科」という授業がありますから、ものづくり分野の教育に力を入れ、また、そのような学習環境を通じてものづくりへの興味が子どもたちや教員の間に浸透していたことも、出張授業が受け入れられた一因だと思います。

私自身は小学校の授業だけでなく、高校や大学からも授業の依頼を受けるようになりました。さらに、錫婚式事業を運営している関係から、ホテル業やブライダル関係の学科のあ

地域とのつながりを維持するために行った出張授業

る専門学校からも授業や講演の依頼が舞い込むようになりました。高校生以上の生徒に向けた授業は内容が高度で、例えば、ものづくり企業の課題を考え自分たちなりの解決策を導き出したり、100年の伝統を次世代に残すためには何が必要か、鋳造業界で女性が活躍できるようにするには何をどう変えるのがよいか考えたりする内容で、半年ほどかけ授業をしていきました。

今の高校生や大学生がものづくりや地域について考えるきっかけを提供し、ともに話し合い、考えていくことは、私たちの未来を考えるうえでも参考になります。

私は、子どもは極力幼いうちから、仕事としてのものづくりに触れる機会をもつことが良いだろうと思っています。そもそも子どもは工作やお絵描きが好きです。親が誘導しなくても自分で何かをつくり始め、そのプロセスを楽しみます。そこには、もしかしたらものづくりする楽しさを求める本能的な欲求があるのではと思います。幼くても、好奇心が旺盛な時期に、本物のものづくりに触れて、魅力や楽しさに触れる機会をつくってあげることが大事だと思うのです。

仕事はもっと楽しくできる

少し広い視野で考えると、伝統工芸の伝承や発展のためには、行政や教育による支援や取り組みは不可欠だと思っています。有形、無形を問わず町にとってかけがえのない財産であり、地域資源として活用することで文化的にも経済的にも町に発展をもたらします。地域の大きな財産を地方の中小企業や町工場、職人たちだけで受け継いでいくことには限界があるのです。

特に、伝統を受け継いでいく立場となるのは子どもたちです。そのため、私たちは子どもたちに向けた広報活動や教育に力を入れていますし、学校でも授業の一つとして伝統工芸について学ぶ時間を設けるといった仕組みづくりは重要です。

伝統工芸に関わる地場の企業が、子どもたちと接する機会を増やしていくことも必要で、その際に重要なのは、仕事は楽しいという大前提に立つことだと思います。世の中を見渡してみると、仕事がつまらない、面白くないと感じている大人がたくさんいます。いつ辞めようかと考えながら嫌々仕事をしている人もいますし、日曜日の夕方になると気分が沈む人も多いと聞きます。しかし、それは仕事との向き合い方として違うと思います。私たちは以前から楽しく仕事をすることを優先し、そのための会社方針として、売ろうとしない、指示しない、型にはめようとしないといったことを重視しています。自由に発想して挑戦することを推奨しますし、失敗しても失敗とは捉えず、成功するにはどうするか考え、挑戦し続けます。だから父を筆頭に、私も職人も事務所やカフェの社員も、いきいきと仕事をしています。

ものづくりは本来、製品のように形があるものはもちろんのこと、企画やアイデアを練るといった形のない行為まで含めて楽しいものです。工作やお絵描きに熱中する子どもは、その楽しさを分かっています。

大事なことは、その感覚を維持し、高めていくことです。楽しい工作の延長線上に仕事があれば、きっと仕事は楽しいものだと思ってくれるはずです。そう思う人のなかから未来の職人が生まれ、新たな製品やサービスを創造する人が生まれます。私たちはその可能性を膨らませていきたいですし、結果として、ものづくりで栄えた地域が発展し、産業の町の未来を明るくすると信じているのです。

丁寧に接することが難しくなっていた

コロナ禍は、出張授業のような新しい取り組みを考えるきっかけになったと同時に、これまで無我夢中で進めてきた工場見学や体験工房、カフェの営業のあり方について見直す機会にもなりました。

コロナ禍以前の時点で、工場見学者数は多い日で３００人を超えていました。30人ずつに分けた何組ものグループが朝から夕方まで工場内を見学しています。カフェも昼頃からは満席が続き、待つ人が行列をつくります。案内係もカフェのスタッフも目の前の利用者に対応することに精一杯です。私自身も案内係をしたりカフェの状況を見に行ったり、合間を縫うようにしてコラボレーションの相談に対応したりと飛び回っています。

そのような状況が続き、接客や案内の質が低下しているのではないか、私自身に関しては産業観光に取り組む意識や集中力が低下しているのではないかと感じることが増えました。

大勢に来てもらえることは本当にうれしいのですが、案内係は、目の前の仕事をさばくことに目一杯で、同じ説明を毎日繰り返しているといつしか機械的な流れ作業になり、楽しんでもらおう、喜んでもらおうという気持ちが低下しがちです。カフェも同様、当初は新しいメニューを考えたり接客を工夫したりといったサービス向上のための意識が強かったのですが、多忙を極めるとサービスとしての質が低下しかねません。

施設を訪れる人は、誰もがものづくりや職人の技術に興味をもっているわけではありません。富山や高岡の旅行中にトイレ休憩のような感覚で立ち寄っただけの人もいますし、参加した旅行会社のツアーに組み込まれているから立ち寄っただけの人もいます。そのような人にも少しでも興味をもってもらい、知ってもらうことが私たちの仕事ではありますが、なかにはスマートフォンを見ながら案内係の説明を聞き流している人もいます。

そうなると職人たちは面白くありません。見学者を楽しませようとさまざまな工夫をする一方で、つまらなそうに見学していくのですから気分を害するのも無理はありません。

職人たちは、見学者が来ることに慣れ、気持ちの面でも産業観光に積極的に協力してくれるようになりました。しかし、面白くないと感じれば、せっかくの前向きな気持ちが萎えてしまいます。興味をもっている人を呼んでほしい、興味がもてるような案内をしてほしいといったことを案内係に伝えることで、案内係と職人の関係性もギクシャクしていました。

要するに、来場者一人ひとりと丁寧に接するのが環境的にも意識の面でも難しくなっていたということです。実際、ある案内係の女性からはきちんと案内がしたい、現状は数をこなすだけで求められている案内ができていないと相談を受けたこともありました。

危機感をもちつつ、しかし、現実にはやるべきことが多過ぎて対策を考える時間がなく、どうにかして産業観光のあり方を修正、改善しなければならないと思っていた矢先にコロナ禍になったのです。

目的を再確認して接客の姿勢を改善

産業観光の取り組みの難しいところは、中途半端なサービスになるとマイナスの効果を生むことです。私たちにとっての産業観光は儲けるための事業ではなく、会社や製品、地域の伝統産業を知ってもらったり、地域とのつながりを強くしたりするといったプラスアルファの効果を狙うものです。カフェの対応がいまひとつだった、工場見学がつまらなかったといった評価をされるとブランドのイメージが悪くなり、逆効果になりかねません。

それを防ぐには、何のための産業観光かをスタッフ間で共有し、来場者一人ひとりに寄り添うサービスを提供していく必要があります。これは一朝一夕ではできません。私たちは地域の一部であり、地域の伝統工芸と一心同体であり、地域をPRする役目を担っていると繰り返し伝えて、来場者全員に楽しんでもらう意識を高めていくことが大事です。

その点で、コロナ禍による一時中断は、いったん立ち止まり、自分たちの役割について今一度考える良い機会になりました。

コロナ禍の混乱が少し落ち着き、工場見学や体験工房を再開したときには、私自身も含めスタッフの意識も行動も以前とは大きく変わっていたように思います。コロナ禍前よりも見学者の人数が制限されるため、一人ひとりに丁寧に対応しやすいという環境面での違いもありますが、産業観光を始めた当初のように来場者の目線に立った接し方に戻り、気配りや配慮もできるように変わりました。久しぶりに利用者と接したこと、再び来場者が戻ってきてくれたことをうれしく感じたことも一因だったと思います。

コロナ禍をきっかけに取り組みを広げる

新型コロナウイルスが流行し始めた2020年2月下旬、私たちは工場見学や体験工房の営業を休止させました。いち早く工場見学を休止したのは、仮に工場内でクラスターが発生すれば、従業員の安全だけでなく、手づくり品ゆえに生産への影響も計り知れないからです。幸い感染者は出ず、むしろ職人たちをはじめ従業員が安心してくれたという面では効果がありました。

4月、国の緊急事態宣言や富山県の外出自粛等の協力要請を受け、全国の直営店も休業せざるを得なくなりました。しかし、対面の接客ができないことを逆手にとって、むしろコロナ禍だからできることは何かないだろうかと考えました。

そこで考案したのが伝統工芸体験キットです。外出自粛で活動場所が自宅だけに制限されるなら、自宅で錫製品づくりを体験してもらってはどうかと考え、錫100%製のタンブラーやぐい呑みを付属のハンマーで叩き、職人の鎚目(つちめ)付けを体験できるキットを発売しました。錫はやわらかいため女性や子どもでも簡単にハンマーで叩いて加工できます。

販売を開始するとテレビ番組の取材も受けて話題となり、予想以上の人気を集めること

伝統工芸体験キット「鎚目キット － タンブラー」

ができました。体験キットはコロナ禍が落ち着いた今も堅調な売れ行きです。

さらに、コロナ禍の影響によって自宅でお酒を楽しむ、いわゆるイエノミの人たちが増えたことを受け、酒類をオンラインで販売できる通信販売酒類小売業免許を取得しました。さっそく、公式オンラインショップで錫製品と富山の地酒のセット販売を始めたところ、こちらも好調な売れ行きとなりました。特に、富山の地酒や地ビール、おつまみで構成されるセット品にしたことで、離れて暮らす家族や親戚、友人への帰省暮として選んでもらえたことも成果の一つです。

また、世の中では実店舗の閉店が相次ぐなか、私たちは石川県と北海道に新たに直営店を出店したほか、富山県では一時的に無人店舗を構えました。

さまざまな新しい挑戦をする一方で、組織の見直しを含めた業務の効率化に取り組めたのもコロナ禍による影響です。全社が一丸となってこれらの挑戦を続けた結果、コロナ禍でも年間売上高を4％ダウンにとどめることができたのは、大きな成果だったと考えています。

ものづくりとの接点を万人に提供することが大事

コロナ禍によってこれまでの取り組みを見直す時間ができたなかで、工場見学については有料にするかどうか迷いました。

そもそも工場見学は地域との交流を目的として始めたので、これまで無料で行ってきました。しかし、ものづくりに無関心な見学者が増えると職人やスタッフの士気が下がることが分かっています。有料にすれば、お金を払ってでもものづくりを見たい人しか見学に来なくなり、職人やスタッフのモチベーションも維持しやすくなるのではと思ったのです。

産業観光はスタートして3年間は集客を目標としてきました。来場者を増やす点では無料で続けるのが効果的でしょう。しかし、すでに当初の目標は達成して毎月1万人超もの規模まで来場者が増えているのだから、そろそろ量より質の向上を重視してもよいのでは、とも考えたのです。産業観光はあくまで会社や製品のＰＲの取り組みで、有料化して稼ぐつもりはありません。工場見学の質をさらに一段高く引き上げ、ものづくりについて掘り下げて知ってもらうための手段として、有料化が良いのではないかとの判断に傾きました。

一長一短でなかなか結論が出せませんでしたが、しばらく考えて、私は無料のままでいこうと決めました。ものづくりについて知る機会を、広く万人に提供し、興味をもってもらうことこそ大切であると考えたからです。有料化するということは、お金を払う人と払わない人を私たちの基準で区別することです。有料ならば見学しないという人とものづくりとの接点を私たちの基準でなくしてしまってよいのかと考えると、やはり良くないと思いました。むしろ、ものづくりをより多くの人に知ってもらうための工場見学である点からすれば、興味のない人こそ私たちが接点をつくりたい人であるはずです。やはり入り口はあくまで広く開けておくのがよく、有料化によって狭めてしまうのはやめようと決めました。

地域の魅力の発信地になりたい

地域との共存という点では、地域の人たちに私たちのことをさらに知ってもらい魅力を広めてほしいと思っていますし、一方で私たちも地域の魅力を広めたいと思っています。地域とつながることは大事で、その先の展開として、私たちが地域と地域外の人をつなぐ役割を果たし、情報を発信して観光で訪れる人を呼び込むことによって地域を盛り上げたいと思っています。産業観光はその意味でも重要で、市外や県外から工場見学やカフェに訪れる地域外の人に向けて、高岡や富山のほかの観光資源もＰＲできるのではないかと考えました。

観光の観点では、高岡市は富山県の北西部にあり、西部は石川県と隣接しています。石川県は加賀百万石の礎を築いた前田利家が発展させたことで広く知られています。高岡は、１６０９年に加賀藩2代藩主の前田利長が高岡城を築城したことが町の起源で、廃城後は商工業の町として発展しました。高岡の人でも知らない人が多いのではと思いますが、高岡市は「加賀前田家ゆかりの町民文化が花咲くまち高岡―人、技、心―」として２０１５年に文化庁が創設した日本遺産に第一号で認定されています。

観光名所では、地元民が日本三大大仏の一つと誇る「高岡大仏」があり、仏像は地域の伝統工芸である高岡銅器の象徴的な作品です。加賀藩2代藩主前田利長の菩提を弔うために建立された「国宝・瑞龍寺」も名所で、それぞれ年間10万人以上の観光客が訪れます。また、代表作『ドラえもん』で世界的にも有名な藤子・F・不二雄氏の出身地でもあります。駅前にはドラえもんやのび太くんたちの銅像が立ち、ドラえもんトラムが走っています。「高岡市 藤子・F・不二雄ふるさとギャラリー」では氏の原点に触れることができます。40㎞ほど離れた郊外にある立山町は、立山黒部アルペンルートの切り立った雪壁「雪の大谷」で有名で、国内だけでなく海外からの観光客にも人気を集めてきました。

富山県は海の幸がおいしく、氷見の寒ブリやホタルイカのほか、駅弁としても有名なますの寿司、かまぼこなどの練りもの、昆布締めなどグルメネタも豊富です。1世帯あたりの昆布の消費量が全国トップクラスなのも面白い特徴です。

大学入学から社会人3年目まで高岡から離れていた私は、故郷に戻ったときに改めて地域の魅力に気づきました。海外旅行をして日本の良さや魅力に気づくように、外に出てみて分かる魅力があります。地域では魚のおいしさや自然の豊かさは当たり前になっていて、魅力を過小評価しているかもしれません。高岡の魅力を外にアピールしきれていないように感じます。

その部分で私たちが産業観光を通じて力になれれば、地域外からさらに人を呼び込める町に変えていくことができるのではないかと考えました。

地域外から人を呼ぶ旅行プランをつくる

「競争ではなく共創」の言葉は、父が大事にしている会社の方針の一つです。加賀百万石の時代以来、伝統工芸は地域とともに発展してきました。

例えば、新社屋には工場見学やカフェの利用者が大勢来るので、館内のショップでますの寿司などを売れば利益が出るとは思います。しかし、それは産業観光の本質ではなく、地域に根ざす伝統工芸のあり方とも違います。私たちに求められていることは、大勢が集まる環境を活かして、私たちの周りも利益を得られる仕組みをつくることです。その結果として地域が活性化し、私たちの工場見学やカフェを利用する人がさらに増えるようなサイクルを生み出すことが肝要です。周りが潤えば私たちも幸せですし、地域とのつながりがさらに強くなります。

工場見学に来る地域外の人たちは、高岡や富山の情報についてあまり知らないという人が多いようです。せっかく高岡に来たにもかかわらず、おいしいお店や宿泊施設などをまったく利用せず帰ってしまう人もいます。地域全体の利益という点から見ても、こういった機会損失はもったいないことです。

能作の社員がおすすめする富山の観光情報

情報提供を通じて来場者の満足度を高めることは私たちにとって重要な役目で、彼らが市内や県内を巡ってくれれば地域が潤います。

そこで、新社屋オープンに合わせて、社員自らが取材して地域のおすすめスポットの情報を書いた観光カードをつくり、来場者が自由に情報収集できるようにしました。すると来場者に好評だっただけでなく、紹介先として書いた飲食店や宿泊施設からも感謝の言葉をもらいました。

カードを通じてつながりができた地域の飲食店は、私たちの製品も積極的に使ってくれるようになっただけでなく、彼らのお客様に製品の良さもPRしてくれます。また、土産売り場や売店内に能作製品コーナーをつくってくれる宿もあります。訪れた観光客が宿泊する際、夕食の食器として錫製品を使ってくれる宿も現れ、今まで私たちの手や目が届かなかったところでも、私たちの製品に触れてもらう機会が増えました。

一方で、案内するだけでは不十分な気もしました。地域外の人と地域をつなぐのであれば、私たちがそのハブの役となって利用者の利便性を高める必要があるのではと考えたのです。できるだけ利用者の手間をはぶき、ワンストップで楽しく観光できるようにすれば、サービスとしてもっと質を高められそうな予感もしました。

私たちは地域外からの観光客に向けた旅の企画をスタートさせることにしました。旅行には食事や宿泊が欠かせません。そこで、県内の宿泊施設と連携し、工場見学などに来た人たちがおいしい店に行ったり、おすすめの旅館に泊まったりできるプランをつくろうと考えたのです。

旅行を通じて〝点〟のPRを〝面〟のPRにする

旅行を企画して販売するためには旅行業の登録が必要です。そこで旅行会社に勤務経験のある社員から詳しい話を聞きながら、まずは4区分ある旅行業登録のうち、取得するハードルが最も低い地域限定旅行業の登録をすることにしました。観光やブライダルといった専門的な知見が必要な分野において、前職でその経験をもつ社員がいることで事業の成長速度を加速させることができました。

重要なのは旅の中身です。ありふれたプラン内容をつくっても面白くありません。私たちが企画する意図と意義を旅の特徴に反映させることが肝心です。

そこで考えたのが、富山県内で伝統工芸を体験できるクラフト旅「想い旅」です。私たちの施設では鋳物づくりを体験できますし、富山県にはほかにもさまざまなすばらしい伝統工芸があります。それらを体験してもらうことで、ものづくりの世界にさらに親しみ、伝統工芸を通じて地域の魅力を感じてもらおうと考えたのです。

宿泊施設については、近隣の南砺（なんと）市井波地区で複数の古民家を改修し、宿として提供している会社と提携しました。井波も伝統工芸の木彫刻の町として２５０年以上の歴史があります。「宮大工の鑿（のみ）一丁から生まれた木彫刻美術館・井波」として２０１８年に文化庁の日本遺産に認定されている魅力ある地域です。

この会社のオーナーも産業観光を推進していく過程で知り合い、私たちの取り組みに賛同してくれました。宿が用意する夕食では私たちの錫の酒器やテーブルウェアを使ってく

伝統工芸を体験できるクラフト旅「想い旅」

れるなど、細かな面にも配慮しながら想い旅を盛り上げてくれています。
また別の企画では、地域の酒造メーカー・若鶴酒造とのコラボレーションで、錫の鋳物製作体験で自作したぐい呑みを持って酒蔵で地酒を楽しむツアーや、和菓子の老舗・大野屋とコラボレーションし、和菓子と錫の小皿を楽しむプランなども始まり、協業先は次々と増えていきました。
産業観光を通じて私たちのことやものづくりについて知ってもらおうというのは、地域の魅力を〝点〟で捉えていく取り組みです。私たちはその取り組みをさらに一歩進めて、地域全体という〝面〟で捉えてPRし、多くの人に知ってもらいたいと考えました。工夫を凝らし、飲食、宿泊、鋳物以外のものづくり体験などもまとめたプランで提供することで、地域全体の魅力をより広範囲に伝えることができるからです。

直営店で地域と県外をつなぐ

地域と地域外とのつながりでは、全国各地に出店している直営店も重要な存在です。事業としては製品を売って売上を伸ばすことが目的ですが、私たちの考えでは、店舗には販売と同じくらい、あるいは販売以上に重要な役割が二つあります。

一つは、私たちや地域の情報を発信する役割です。高岡の本社との位置付けで考えると、新社屋は人や情報が集まって新しい企画が生まれる場です。旅行で訪れた人に富山の名物や観光名所を知らせることで地域の魅力を発信できますし、人が集まればＰＲの機会や協業の可能性も広がります。例えば、地域の食材をＰＲしたいといった相談が集まってくることで、カフェの料理に使ってみたりしながら新しい企画が生まれます。私たちは、施設のサービスの質を高めることでより多くの人と情報が集まるようにし、情報を組み合わせながら、集まってくる人が楽しんでくれそうな企画をつくることを大切にしています。その

地域の魅力を発信する役割も果たす直営店

結果、点がつながって線になり、線がつながって面になるように、地域に点在しているさまざまな魅力がここに集まり、新しい価値が生まれます。

新社屋が人と情報が集まるハブだとすれば、店舗は地域の情報を発信するサテライトです。工場見学でしか見られない職人の技術も、高岡に来なければ分からない地域の魅力も店舗で伝えることができます。例えば、店頭では職人がものづくりしている様子をポップで掲示したり、動画にしたりして流し、製品ができるまでの工程やその根底にある職人技術を見せることで、高岡の工場と店舗に並んでいる製品のつながりを演出しています。伝統工芸は地域と密着した産業ですので、私たちの製品を知ってもらうことが地域を知ってもらうことに直結します。私たちの製品が、高岡や富山に興味をもつきっかけとなるよう、全国各地にある店舗のスタッフが、工場を見に来てください、高岡や富山に来てみてください、と呼びかけをしているのです。

店舗のスタッフ研修には力を入れており、全国の店舗から高岡に来てもらい、製造現場を見学したり職人と意見交換会を開いたりして、「伝える」ための努力をしています。「売る」だけでなく「伝える」ことが店舗スタッフとしての重要な役割であると、日頃から研修で伝えています。

店舗で現地のニーズを吸い上げる

店舗の二つ目の重要な役割は、消費者の声を吸い上げることです。消費者のニーズは年齢や性別、興味関心などによって異なりますし、居住地域によっても違います。会社は現在全国に15店舗、また海外にも直営店があるなかで、各地の店舗によって売れる製品が違います。高岡のファクトリーショップで売れる製品と各地の直営店で売れる製品も違います。

売れ筋が違うということは、求められているものが違うということです。本社のショップの売れ筋だけを見ても都市部のニーズは見えません。店舗にはそこを掘り下げるための情報収集の役目があり、各店舗が吸い上げる情報が新しい製品を考案したり、新しい企画を立てたりすることにつながっていきます。

プロダクトアウトとマーケットイン

父は自分の頭の中にあるイメージや、プロダクトデザイナーのデザインを形にします。製品がヒットするのはイメージする力と、イメージを形にする力が優れているからです。

近くで父を見てきて感じるのは、そうした能力のある人は決して多くないということです。経験によって能力は伸びますが、イメージを思い描く固有の力の有無、イメージしたり形をつくったりするセンスを磨く環境で育ってきたかどうか、そしてそれらの作業を楽しいと感じるかどうかまで含めて、ものづくりできる人は希少で、だからこそ会社や地域の宝だと思うのです。

私は自己分析として、その分野の力が弱いのではないかと思っています。私は3人姉妹の1人として育ちました。ほかの2人は父に似て、デザイン好きで幼い頃から美術や工芸の才能を発揮していました。真ん中の妹は現在東京でデザイナーとして勤務しており、一番下の妹は趣味で始めた似顔絵ケーキがSNSで話題を呼び、ケーキ屋を開業してオーナーとして活躍しています。私はといえば幼い頃から美術の成績は平均レベルで、独創的なデザインを思いついたりイメージが浮かんだりしたこともありません。中学生の頃には父から、花の形をしたトレーをつくりたいから考えてみなさいという課題が私たち3人姉妹に出されたことがありました。私のデザインは採用されず、真ん中の妹がそのときに描いたデザインがのちにフラワートレーとして商品化され、10年経った今でも人気作となっています。もしかしたら努力と経験の積み重ねによって、ものづくりのセンスを高められる素養はあるかもしれませんが、鋳物屋の娘としてデザインや芸術的センスがないことは、私にとってはコンプレックスでもあったのです。

私は誰かが喜ぶ企画を考えたり、価値あるものを周知したりする作業は好きですので、そうした能力を磨き、職人、会社、伝統工芸の発展に貢献したいという意欲を強くもっています。サービスなら利用者、ものづくりなら消費者がどう考え、どう感じているかを知りたい、ニーズを満たしたいという気持ちも人より強いと感じています。

父や職人の仕事をプロダクトアウト型だとすれば、私は消費者のニーズから考えるマーケットイン型のアプローチで、商品を売ったり錫婚式や想い旅のような企画を考えたりすればいいと思うのです。

会社の組織的な取り組み方としても、父と私が同じような動き方をするより、異なるアプローチで仕事に取り組むほうがアイデアに広がりが出るはずです。プロダクトアウトもマーケットインも、良いものや良いサービスを創出していくためにはどちらも重要です。どちらが欠けても私たちのブランドは成立しませんし、そこが組織として見た私たちの強みだと思います。現場が中心となってプロダクトアウトのものづくりをするとともに、店舗を活用してマーケットインでニーズを拾うことで、消費者が満足する製品を生み出すことができます。

今では父の18年の職人歴を超える職人や、優秀な開発、デザイン部門の社員、外部のデザイナー、そして消費者に最も近い店舗のスタッフの心強い協力があり、私は最高の製品をつくるためのディレクターとして行動することができるようになりました。

店舗とオンラインの情報を組み合わせる

個人販売においては、より広く私たちの製品を知ってもらう点でオンラインショップも重要なチャネルです。実店舗と同じくオンラインショップに関しても、製品を販売して売上を伸ばすことや、販売力を高めるために製品やブランドの見せ方を工夫することが大事です。特に私たちは、購入者のレビューから生の声を拾うことを重視しています。

一方で、実店舗とオンラインショップでは大きな違いがあります。実店舗では、実物の製品に触れることができ、スタッフが製品の特長を直接説明する機会があります。製品の購入だけで完結しやすいオンラインショップと違って対面で接客できることで、私たちや地域のことをより深く知ってもらえ、魅力を発信することができる場といえます。

実店舗は消費者である顧客と直接コミュニケーションができ、ニーズや感想も拾いやすくなります。店舗のスタッフは製品を売ることだけではなく、私たちや地域のことを伝える役目を担っていますから、実店舗のスタッフにはできるだけ多くのお客様の声を拾ってほしいと伝えていますし、拾った声を会社全体で把握するために定期的に直営店全店舗が参加する会議を開いて情報の共有と整理を積み重ねています。

オンラインショップは消費者の声も拾えますが、消費者個々の声というよりは消費者の全体像、つまり概略的な情報をつかめる点で大事だと思っています。オンラインショップは性別、年代、居住地域といった情報まで把握できます。例えば、男性より女性の購入者が多く、30代、40代が大切な人への贈り物として買うケースが多いことや、どの都道府県に購入者が多いか、または少ないかといったことが分かります。

私たちは大手のモール型ECサイトにも出店しているものの、購入者の比率を見ると自社サイトでの売上が圧倒的に高いのが特徴です。この情報も消費者像を把握するために重要な情報で、消費者が私たちの社名をオーガニック検索で探し、私たちのサイトに辿り着いていることが分かります。

オンラインショップの購入実績から見えてくる情報は、実店舗で得られる情報とは性質が異なるため、ものづくりや企画への反映の仕方や販売戦略への活用方法も変わります。

例えば、オンラインショップで得た購入者の居住地域などの情報を踏まえて、新規直営店をどこに出店するのがよいか検討することもできます。

これも、プロダクトアウトとマーケットインの両方が大事という話と同じで、性質が異なる情報源をもつことが大事だと思うのです。

世界観を統一することが重要

私たちの製品を購入する消費者の行動には、いくつかのタイプがあります。例えば、いつも実店舗で購入し、オンラインショップは使わない傾向の人がいる一方で、観光で本社を訪れて私たちの製品を知り、主にオンラインショップで購入している人がいます。また、実店舗とオンラインショップを半々で利用する人もいます。重要なのは、実店舗の雰囲気とオンラインショップのサイトの雰囲気が同じであることです。

実店舗とオンラインショップはいずれも製品の売り場であるだけでなく、伝統と革新を大切にしていることや消費者に寄り添うものづくりをしていること、地域と共存しながら発展してきたことなどを言葉だけでなく視覚的にも伝える場です。ブランドとして伝えたいメッセージは、実店舗とオンラインサイトで同一でなければなりません。実店舗の内装デザインの色味や製品の並べ方、店頭で流す動画やポップは、ブランドの世界観を伝える重要な要素となります。オンラインサイトも同様に、サイトの看板となるバナーのデザイン、画像や動画の掲載位置や大きさ、掲載のタイミングといった細部まで計算します。

そのため、実店舗を出店する際には、現地に出向いてブランドの世界観やディスプレイなど細かな点まで確認しますし、オンラインサイトのデザインやUIについてもコピーやテキストでの伝え方、レイアウトはとても重要と捉えてつくり込んでいます。

ハードとソフトの両面で魅力を伝える

店舗ではスタッフが来店者に寄り添っているか、おもてなしの姿勢があるかといったことも、私たちの世界観を伝えるうえで重要なポイントです。出店時にはパートやアルバイトも含め各店舗のスタッフを高岡に呼び、本社研修を実施しています。

本社では接客の基本的な所作を身につける研修もしますが、重要なのは私たちがどういう会社であるかを知ってもらうことです。工場で職人がものづくりに向き合う姿を見てもらい、鋳造の工程や職人の技術力の高さや繊細さを感じ取ってもらいます。また、父や私が中心となって、会社の歴史と取り組み、地域の特徴なども伝えます。時には高岡大仏などの文化財を見に行ったり、高岡銅器の着色を専門とする職人の工房へ見学に行ったりして、伝統工芸について知識を深めてもらいます。

研修に力を入れるのは、まずは伝え手となるスタッフが会社の取り組みやブランド、そして地域について知ることが重要だと思っているためです。スタッフが会社や地域のファンになってくれれば、店舗でも熱心にPRしてくれます。各店舗のスタッフは私たちや地域と現地をつなぐ役割を果たしているということです。製品や店頭のポップなどの販促物を通じてハード面で魅力を伝えることも大事ですが、並行して、スタッフによる細かな説明や接客というソフトの面も強化して、両輪で伝えることが大事だと思っています。

情報化社会が進みインターネットが普及している昨今は、社会全体の流れとして実店舗からオンラインショップに移行しています。経営面でも、実店舗はオンラインショップと比較して家賃と人件費のコストがかかり、店舗への集客という点でも交通アクセスが可能な範囲に限られるという弱点があります。

しかし、時代に逆行しているかもしれませんが、私たちは実店舗を増やしたいと思っています。私たちと消費者、地域と地域外をつなぐ場という観点で、私たちは実店舗を重視しています。

価格やスペックだけで売れる商品であれば、オンラインショップでの販売だけでもいいのですが、私たちの商品はその背景にある伝統や職人技術といった目に見えづらく、数値化が難しい価値によって下支えされています。商品は機能的価値だけでなく情緒的価値で買われるものです。消費者の心を動かすさまざまなストーリーはオンラインだけでは伝えきれないのです。

コロナ禍ではあらゆる業種で店舗撤退が起きたなか、私たちは直営店の数を国内に3店舗増やしました。２０２０年には台湾に現地法人を設立しました。現状は日本国内と台湾で計16店舗を構えており、将来的にはさらに増やして私たちと地域の魅力を広範囲に伝えていきたいと考えています。

店舗展開は伝え手となるスタッフの確保と育成が重要です。本社と店舗、私たちと店舗スタッフが同じ目標を掲げ、同じ価値観を共有していることも大事です。そのため、店舗数の拡大を目指すにあたっては採用や教育を含む人事の戦略と組織化を並行して進めていく必要があります。本社と店舗、店舗同士をしっかりとつなぐ組織づくりをしていくことも今後の大きな課題といえます。

第5章

人材育成、ブランディング、DX……
5代目社長として「次世代とつなぐ」

――伝統産業を経営視点でアップデート

100年の歴史をつなぎ100年後の未来へ

伝統は変革によって継承されると私たちは考えています。

私たちは今、錫100%の製品をつくる会社として知られています。工場見学が楽しい町工場、おしゃれなカフェがある町工場として浸透し、伝統的工芸品をつくりながら産業観光に力を入れている珍しい会社として取り上げられる機会も増えました。

これらはいずれも伝統工芸のあり方に変革をもたらしてきた結果です。私たちが行ってきたことは、保守的な視点から見れば突飛な取り組みかもしれません。しかし、それが結果として世間の注目を集めることとなり、その技術を継承してきた富山県や高岡という地域の知名度を高めることにつながりました。

高岡には400年を超える鋳物づくりの長い歴史があり、私たちの会社の歴史も100年を超えて、老舗企業と呼ばれるようになりました。「100年の歴史は重みがある」「伝統を守り続けるのは大変そう」とよく言われます。しかし、この歴史を守っていくことにプレッシャーを感じるかというと、実は感じていません。後継者である私は、もちろん大前提として、伝統を重んじる気持ちと先人に対する尊敬はありますが、顧客の声に耳を傾け、時代の流れに沿いながら新しいことや楽しいことに挑戦していけば、それがこれまでの伝統と結びつき、自然と次世代に受け継がれていくだろうと思っているのです。

いい方を換えると、私の意識は過去の100年よりも、これから何年も続いていく未来に向いているということです。プレッシャーを感じないのも、過去より未来に目を向けているからだと思います。

特に私は名字と社名が一緒です。それもあり、会社の成長と自分の成長がかなり深くリンクしています。

多くの人は、過去に自分が行ってきた成功や失敗よりも、これから先の人生のほうに興味をもっていると思います。その感覚と同じで、私は背景にある歴史よりも、未来や伝統工芸を受け継ぐ人に対する興味のほうが大きいのです。

意志を受け継ぐ覚悟

歴史を気にし過ぎると、自分の代で終わらせてはいけないとプレッシャーが大きくなるように思います。目立つようなことはしないほうがいい、先代が築いてきた歴史や功績に

100年超の伝統を守り、父の思いを未来につなげる

泥を塗ってはいけないと恐れてしまいがちで、どうしても無難な施策にとどまり、挑戦しづらくなります。そうすると、自ずと事業の発展性や可能性が制限され、業績も業容も伸びなくなります。

父が社長就任からの20年で業績を13倍以上に伸ばすことができたのはすばらしい功績であり、それを父自身が成し遂げることができたのは、歴史に対するプレッシャーで物怖じせず、歴史をつないでいくためにチャレンジすることを選んだからだと思います。父が新しいことに挑戦する様子を私は間近で見てきました。

伝統工芸という枠組みが意識されやすい環境でも、父は常に挑戦しよう、楽しいことをやろう、といった感覚を無意識のうちに身につけていたのだと思います。

父は社長として三つのことを成し遂げようと考えてきたと私は聞いています。一つ目は、伝統産業を革新によって継続させること、二つ目は産業観光事業という新しい取り組みを通じて、地域との関係性を強固にすること、三つ目が伝統を変革によって進化させ、会社と地域と伝統産業をさらに発展させることです。

父が目指してきた三点は、この先100年単位で伝統工芸の歴史を創るという視点で見れば、私が受け継がなくてはならないことであり、実現する必要があります。

2023年3月、私はそうした決意を胸に父の後を継いで社長に就任しました。社長の責務を考えると、伝統の100年を守ることはもちろん、個人的には父が実現に向けて取り組んできたことを継続し、父の思いを着実に未来へつなげたいと思っています。

規模に応じた組織化が必要

過去の100年と父が取り組んできたことを次世代に受け継ぐために、私がまずやらなければならないのは会社の組織化です。

父が社長に就任した2002年当時、会社の規模は社員7人でした。その後の20年で社員数は170人に膨らみました。組織化せずに社員を一つにまとめるのであれば、おそらく30~40人が限界だと思います。

100人規模になると、社員同士も互いに話したことがないという人が増えますし、部署が異なる場合、隣の席の人が何をしているか知らないといったことも起き得ます。

170人の組織になるとワンチームになることが難しくなってきます。しかし、見方を変えれば、社員の数が増えた分だけ多様な意見や独創的なアイデアも出てくる可能性があります。

そうしたアイデアを活かすため、例えば30人単位を一つの部門としてまとめるリーダー職をいくつかつくっていくことも有効です。組織としてまとめ、複数の部門の集合体として、会社の成長を実現していかなければなりません。

そのように考えて、従業員数が100人を超えた2015年頃に、現場、事務所、直営店の組織を細分化しました。リーダー職には、部門内のメンバーと共感できるか、部下を率いることができるか、部門としてのビジョンを描き、部門ならではの力を発揮できるかといった点を期待しています。それに加え、積極的にほかの部門とつながり、助け合って会社全体の一体感を醸成すること、前提として、思いやりのある発言・行動をすることを重視しています。

楽しむことを重視する育成の仕組み化

組織化によって会社をさらに成長させるには、社員の育成や教育についても見直さなければなりません。

特に父が社長だった頃の職人は、先輩の背中を見て自ら課題を見つけ克服していこうという思考が強いため、優秀なリーダーが1人いれば、その影響力によって30人を同時に成長させることができました。父はその環境を踏まえて会社方針として、教えない、育てない、型にはめない人材育成をしてきました。職人として強いカリスマ性をもつ父だからこそできたことともいえます。

一方、私には現場の経験がありません。それぞれの部門の方向性を示し、経営者の視点で語ることはできますが、実務は現場の人で成り立っています。私が現場のカリスマとなることはできず、代わりとして、私には教えられないことを各部門のリーダーが教える仕組みが重要となるのです。

父の方針は売上目標などをつくらず、のびのびと思う存分仕事に打ち込むことを推奨して、常に仕事の楽しさを最優先としてきました。そのため、自分で目標を掲げ、達成したら次の新たな目標を自分で掲げるサイクルを自力でつくり出せる人は、仕事を楽しむことができます。しかし、現在では170人の組織になり、社員数が増えるとともに、現場も事務所も社員の年齢が大幅に若返りました。年齢の若い社員が増えると自分で目標を見つけることが難しいと感じる人も現れます。目標をつくりましょう、好きなことをやりましょうと言っても、かえってプレッシャーになったり、周りの目も気になったりする場合もあり、目標を提示されたほうが力を発揮しやすい人もいます。

そうした新たな変化は父もよく理解していて、父は、18年間職人だった自分には、自分についてこいというやり方しかできないので、今の会社の規模やフェーズに合った仕組みづくりに期待しているといいます。私自身は、組織化や仕組みづくりが得意かというとそうでもないのですが、今後100年、200年先を見据えて会社を成長させていくためには私がやらなければならないのです。

リーダーの成長が組織全体の成長をもたらす

組織がどうあるべきか、構想を考えていきながら、私は現場、事務所、産業観光やカフェなどの部門を交えた朝礼やリーダー研修会、部門ごとの月次報告、全員参加の年次報告会などを始めました。一般的な企業では当たり前のことかもしれませんが、これまで30人規模に適した会社の運営を続けてきた私たちにとっては大きな変化でした。

報告会では、ほかの部門がどのような活動をしているか、その活動が会社全体にとって、経営にとってどう影響するかを理解してもらうために、生産数や売上などの数字も共有できるようにしました。各部門のリーダーには、会社の未来や社員に期待することや私自身の思いなどもなるべく多く、具体的に発信するようにしました。

これは社員の意識を変えることにつながった取り組みの一つです。当初は私が司会者のような形で、各部門から意見を引き出してまとめていました。思いや期待についても、私が一方的に話して社員が聞いていました。しかし、回を重ねるごとに、リーダー層から自分が所属する部門の活動について皆の前に出て発表したい、話す時間が欲しいといった要望が出るようになったのです。その様子を見ていて思うのは、組織化においてはリーダーの成長と組織全体の成長が比例するということです。

会社に関する情報共有については特に、製造部門である現場と販売部門や店舗の意思疎通が重要だと思っています。従来の私たちは、つくり手である父や職人たちの発想を形にして世の中に送り出すというプロダクトアウト型のビジネスモデルでした。しかし、今は販路が拡大したこともあり、各地域で販売スタッフが拾い上げたニーズを製造部門にフィードバックしたり、企業とのコラボレーションから生まれるアイデアを形にしたり、プロダクトアウトだけでなくマーケットインの発想も取り入れ、両輪でものづくりをしていかなければなりません。

私たちは製販一体の会社ですが、さらに人数が増え製造部門と販売部門がそれぞれ大きくなって個々の業務量も増えると、コミュニケーションの密度が低くなってしまうリスクがあります。今後の課題として、朝礼や部門長会議の質を高める必要がありますし、業務内容が異なる社員が互いにコミュニケーションできる場を設けていく必要があると思っています。

従業員に選ばれる会社になる

会社としての一体感を醸成していくには、県外の直営店や店舗で働くスタッフをまとめるための施策も必要です。私は県外の出張も多いため、定期的に直営店を巡回してスタッフとのコミュニケーションを図るようにしていますが、高岡で働いている職人やスタッフと各店舗のスタッフとは、物理的に距離が離れているということもあり、どうしてもコミュニケーションが取りづらく、スタッフの孤独感と孤立感が生まれやすくなります。

この組織体系も見直していく必要があると思っています。現状は年1、2回のペースで本社で職人と接する機会を設けたり、オンラインを活用したりして本社や店舗同士のコミュニケーションを深める努力を続けています。集まる回数を増やすのがいいのか、あるいはもっと別の方法があるのか、いずれにしても店舗スタッフには本社とつながっている安心感をもってもらいたいですし、産業観光部門との一体感も築いていってもらう必要があります。また、社員やアルバイトといった働き方の違いに関係なく、全員が同じ目的をもち、会社や地域の発展に貢献しているという意識を醸成していくことも大切です。

特に最近は、都市部でも人材が不足しています。重要なのは、この店で、この人たちと、この会社の一員として働きたいと思ってもらうことです。そのためには、働き手に選んでもらえる会社にならなければなりません。会社と高岡と伝統産業の魅力を発信し続け、変革を通じた成長と会社の価値の向上を実現していくことが求められます。

一言でいえば、会社のブランディングです。楽しく働ける職場か、地域、伝統工芸に誇りをもって働ける会社か、自分自身を誇れる仕事か、といった点に留意しながら会社の魅力を総合的に高めていく必要があるということです。

失敗を恐れない意識の醸成

人材育成の面では、ものづくりや接客の技術と質の向上と並行して、意識や視座を高めていくこと、なかでも失敗を恐れずに前向きに挑戦する意識をもつことが重要です。

私たちの自社ブランド製品で初のヒット作となった風鈴は、もともとは3カ月で30個しか売れなかったハンドベルが原型で、そもそもハンドベルをつくらなければ風鈴も誕生していません。

つまりハンドベルを失敗と捉えて挑戦をやめるか、あるいはヒット商品が生まれるまでの過程と捉え、挑戦を続けるかによって結果はまったく違うものになるのです。

　これは父が社員育成の場面でよく伝えていることです。誰にでもうまくいかないときはあるものです。そのときに、うまくいっていない事実をどう捉えるかが重要で、ものづくりにおいては、常に前向きに捉えることが肝心です。

　接客や新規事業についても同じことがいえると思います。工場見学やカフェはクレームを含むさまざまな意見をもらいながら、その都度改善してきました。錫婚式も最初から今の形だったわけでありません。挑戦をやめていたら、産業観光事業の発展も新規事業の創出もなかったはずです。

　伝統は変革によって継承されるという観点から見ると、失敗を避けたり無難な道を選んだりするだけでは変革は起きません。

　父は、「無理です」「できません」という言葉が大嫌いで、社員たちには何もしなければ成功も失敗もしない、失敗してもいい、それは通過点に過ぎない、その先に成功があるのだからあれこれいっても仕方がないといったことを伝えてきました。そのような声掛けが日々の職場で常にあったため、職人たちも失敗を恐れない意識をもてるようになりました。むしろ、失敗したときに励まされることによって、その先にある成功に目を向け、視座を高くして挑戦を続けられたのだと思います。結果として自社ブランド製品のラインナップが増え、シリコーン鋳造法という新しい技法も生まれました。

会社の規模が大きくなった今は、父が果たしてきた役目を私や現場のリーダー層が担わなければなりません。父がこれまで大切に伝えてきたように、失敗を恐れる必要はなく、失敗は恥ずかしいことでもないという考えを会社の考えとして言語化し、伝えていく必要があります。また、人材育成の仕組みとして整えて、一人ひとりに浸透させていくことが求められます。

失敗との向き合い方は、私自身にとっても重要なことです。社長があらゆる経営判断をしていく過程でうまくいかないこともあるはずです。そういうときこそ自分が失敗とどう向き合うか冷静に判断し、恐れずに思い切った挑戦をしなければならないと思うのです。

働き方改革に合わせた変革

組織化と人材育成の仕組みづくりの先には、制度の見直しも必要になると思っています。

私個人は仕事を頑張った分だけ日常生活も幸せになると感じますし、仕事を控えるとかえって悪影響が出ると思っています。しかし、私と社員は違います。法律的にも社会全体の風潮としても、会社として長時間勤務、長時間労働を推奨するわけにはいきません。残業はなるべく少なくし、仕事とプライベートを両立できるライフワークバランスの考えで仕事と向き合ってもらう必要があります。

そのための取り組みは父の代から少しずつ進め、現状としては時代性に合ったクリーンでホワイトな働き方をしています。イベントなどで忙しくなる連休や注文が殺到したときなどは、残業や休日に出勤してもらうこともありますが、それ以外のときは、定時で帰宅する人がほとんどです。以前と比べて休日も増えましたし、休みという点ではプライベートの時間を楽しめるような環境になっています。

私が入社してから社長になるまでの12年間を振り返って改めて思うのは、社員一人ひとりの能力が高いということです。私は彼らを信頼していますし、彼らも私や会社を信頼してくれていて、これは会社にとって大きな武器です。彼らの力を借りずして今以上の成長は難しいということです。社長一人が執り仕切る会社は、社長の力量以上の会社にはなりません。社員の意見を十二分に取り入れ、全体にとって最適な形で機能する会社になっていくために、社員全員のボトムアップが大事だと思っています。

多角化に向けた課題

会社の規模が大きくなり、部署の枝葉が広がっていけば、製造からデザイン、デザインから販売といったように担当業務の転換を希望する人が増える可能性もあると思います。会社としてはそうした社員の希望に柔軟に対応できる仕組みをつくり、仕事をさらに楽しめるようにするのが理想です。

社員が働きたいと思う会社を目指し、ブランディングの観点で会社の価値を高めていくためには、社員がさまざまな仕事を経験でき、自身にとって納得度が高いキャリア形成ができる会社にしていくことが重要です。時代に応じた変化が求められ、また、社員30人だった頃の時代とは考え方を大きく変えなければなりません。

私たちはものづくりの会社ですので、生産効率や技術の向上に重点を置いています。そして、そのものづくりの魅力を伝えるために、産業観光事業、飲食事業、ブライダル事業といった異業種へ展開し、ものづくりが生み出す製品群の付加価値を高めており、今後もその流れが続くと見ています。その過程では、社員それぞれがもつ多彩な能力を引き出すことが重要で、そのための制度と仕組みも必要になります。

ものづくりの会社はものづくりだけすればよい、技術に専念すればいいといった考えでは今後は通用しません。事業が多角化していくなかでは、製品のつくり手である職人はもちろんですが、サービス事業のスタッフも販売スタッフも、それぞれの立場で自身の付加価値を生み出すことが重要です。それぞれが異なる視点で会社を成長させようと考えますが、取り組み方は違っても目指すところは同じでなければなりません。従来のようにつくり手の視点だけから見るのではなく、別の角度からも会社の成長と地域や伝統工芸の発展を目標にして考えることが大事ですし、全員が一つの目標に向かっていくための組織化が今後の会社と従業員の成長につながっていきます。

伝統工芸である以上、私たちは製品の提供だけではなく、その背景にある伝統、技術、思いなどを一揃いにして伝えていく会社でなければなりません。その点でも、事業が多角化していくこれからは、これまで継承してきたことを守りつつ、違うアプローチ方法で攻めていくフェーズなのだと思っています。

複数の業種を通じて私たちの価値を伝えていくためには、統一された私たちらしさや「イズム」を明確にする必要があります。そのためには企業理念やビジョンの浸透が不可欠です。次のフェーズに進むためには避けては通れない道ですし、成長する企業が必ず通る道でもあります。

ものづくりの先入観をなくしたい

採用や育成についてもう一段高い視点から見ると、伝統工芸全体やものづくり産業全体の規模で、性別にとらわれないジェンダーフリーで楽しく仕事ができる環境づくりに貢献したいという気持ちがあります。花形ともいえる職人の世界はいまだに男性中心です。私たちの会社は業界全体のなかでは女性の職人比率が多いほうだと思いますが、それでも職人は男性向き、女性には難しい、子育て中や子育てから復帰した人には難しい、といった先入観が残っています。

現場をよく見てきた私は、そのような考え方は誤解だと思っています。たしかに、力仕事があるため女性に不向きな点はあります。1つあたり10～20kgある鋳型を運んだり持ち上げたりするのは大変ですし、私も入社してからの半年間で現場仕事を体験し、女性の筋力、体力では厳しいと感じたことはありました。

一方で、女性ならではの感性を発揮できたり、女性ユーザーの視点からものづくりと向き合えたりする長所もあります。そのような力を発揮できる環境に変わっていくことで、ものづくりや伝統工芸は製品の幅も広がります。女性目線のアイデアを取り入れることが職場環境の改善にもつながっていくと思うのです。

私が入社した２０１１年時点で、会社の従業員は約30人、うち女性は私を含めて３人、仕事内容は事務職で、女性の職人はゼロでした。必ずしも男女半々が正しいわけではありませんが、社員全体の９割が男性という実態は、女性の活躍推進が進む世の中の流れに取り残されていたといえます。

その後、徐々に女性の職人が増え、現在は全40人の職人のうち５人が女性で、そのうち１人は仕上げ部門のリーダーです。ほかの業種と比べるとまだまだ割合は少ないですが、男性中心が当たり前だった現場にとって大きな変化です。会社全体では事務、産業観光、飲食、ブライダルといった事業は女性スタッフのほうが多く、店舗のスタッフもほとんどが女性ということもあって、今や全社員の７割以上が女性です。これも地域のものづくりの会社では珍しいケースです。

実際、伝統工芸に興味をもっている女性は多く、経済産業省製造産業局生活製品課伝統的工芸品産業室による資料によると、伝統的工芸士は職人の高齢化に伴い減少傾向にある一方で、女性伝統工芸士のシェアは増加傾向にあり、伝統的工芸品産業での女性の活躍が進んでいるとされます。職人を目指す人が増えているのならば、業界全体として職人の女性比率がもっと増えていっていいはずで、以前と変わっていないとすれば、原因は雇う側である会社の社風、雇用制度、採用方針などにあります。職人として活躍できる人や、女性の視点や感性を発揮してものづくりの発展に貢献できる人たちを、雇う側の環境づくりが不十分だから雇えなかったり、働きづらかったりしてしまうのは会社としても産業全体としてももったいないことだと思います。

さらに、ものづくりで重要な感性や発想は、男女差もありますが、それよりも個人差のほうが大きいということです。女性ならではの発想は確かにあります。しかし、その発想は女性だからというよりも、個人としてこれまで経験してきたこと、見てきたもの、触れてきたものの影響が大きいと私は思うのです。

ジェンダーフリーに向けた変革

女性の活躍やジェンダーというテーマでは、女性のリーダーや経営者についても男性と女性の違いにとらわれない環境が広まってほしいと期待しています。例えば、私はよく講演の依頼を受けます。肩書きは女性経営者として呼ばれることが多く、講演テーマの内容も、伝統工芸や地域との共生に関することが多い一方で、仕事と子育ての両立や、働く女性の課題といった女性視点のテーマも多くあります。

私に声がかかる背景には、全国的に女性の経営者は男性と比べて少数ですし、東京などの都市部と比べて地方はさらに少ないという事情があります。つまり女性だからということが根底にあるわけです。

日々の仕事でも、私たちの会社は販売部門の女性の比率が高く、取引先との交渉にも女性のリーダーが出向くことがよくあります。その際に、取引先から、男性の責任者はいないのかと聞かれたことがあります。そのような話からも、責任者やリーダーは男性の仕事という意識がいまだにあるのだと感じますし、個人の能力や適性よりも前に、男性と女性という違いに目が向いているのだと感じます。

ジェンダーフリーは大きなテーマです。伝統工芸のイメージや固定観念を変えていくためにも、女性が活躍しやすい環境を整えていくことが大事です。そのための具体策と女性の社員を増やすことは、必ずしもイコールではないと思います。女性を意図的、積極的にリーダーにすることとも違うと思います。

真の意味のジェンダーフリーは、男性と女性という違いを意識することなく、その人の熱意や能力を見て採用し、彼らが活躍できる場をつくり、評価することだと思います。そのため、私たちは採用や昇進についても、女性比率を高める、女性のリーダーを何年までに何パーセントにするといったＳＤＧｓ的な目標は立てていません。男女差を意識することなく、職人になりたい人には職人になる機会を提供し、飲食やブライダルに携わりたい人にもそれぞれ機会を提供することが重要だと思いますし、また、そのような会社となることが、伝統工芸を発展させていくことにつながるのだと思っています。

コラボを通じて認知度をさらに高める

制度改革や組織化などを通じた会社や社員の価値向上を実現するインナーブランディングと比べて、製品や会社の対外的な評価を高めるアウターブランディング、いわゆるブランディングは比較的施策を考えやすく、施策そのものがインナーブランディングに比べてシンプルだと感じます。

事業モデルの面では、私たちは直営店を通じて主に消費者に直接製品を提供するＢｔｏＣの認知度を高めてきました。今後もＢｔｏＣでは、魅力ある製品を通じて伝統工芸と地域の魅力を発信していくことが私たちの重要な役割です。

一方で企業間取引、ＢｔｏＢの需要も大事です。例えば、企業の記念品や建築材料といったＯＥＭはＢｔｏＢの一例で、ハウスメーカーからの依頼で壁材や照明機器、ホテルのレセプションカウンターなどの案件もあり、日々、依頼を受けています。

ＢｔｏＢの基本戦略としては、ＢｔｏＣを強化すれば、その評判を通じてＢｔｏＢの需要を拡大できると考えています。また、私たちは基本的に営業活動をしませんので、ものづくりや産業観光事業を通じてファンを増やし、消費者とのつながりづくりを強化していく先の展開として、異業種ブランドとのコラボレーションなどＢｔｏＢの案件につながっていくだろうと考えています。

また、ＢｔｏＢは一般的には安定的な売上確保や新たな収入源の開拓といったメリットを重視しますが、地域との共存に重点を置いている私たちは、製品を通じて地場の異業種企業とのつながりを創ることが最も重要だと考えています。また、最近は私たちの製品が広く認知されるようになり、それがきっかけとなってコラボレーションを希望してくれる企業が増え始めています。その点から、ＢｔｏＢは認知を高め、より多くの人に私たちの価値を知ってもらうブランディング施策としても重要ですし、アウターブランディングの取り組みと位置付けることで、今後のブランディング戦略の柱にもできると考えています。ホテルやレストランなどとのコラボレーションも、キャラクターとのコラボレーションも多くの人に認知してもらうという狙いは同じです。

錫１００％の製品は類似品がない点で注目されやすく、現状として私たちの認知度向上に大きく貢献していますが、一方では、私たちが長年大切にしてきた、１００年の歴史をもつ真鍮の製品もより多くの人に知ってほしいと思っています。

素材が変わると工法や工程も変わりますが、根底にあるのは伝統的な生型鋳造法で、次世代に残していきたい技術です。新たな素材を使った鋳造に挑戦するうえで基礎的な技術でもありますし、製品群を広げていくための探究にも不可欠な技術です。

会社の製品群をさらに拡充させていくためにも、１００年にわたって受け継いできた技術と、その技術をもつ職人は会社の宝として大切にしていく必要があると思っています。

会社という木を育て地域に実りを還元する

会社という木を大きく育てる

私は、判断に悩んだり新しい企画を立案したりする際に、会社を一本の木に例えて考えます。私たちの会社を木に例えると、400年以上の歴史・伝統が幾層にも重なった唯一無二の地層のもと、長い時間をかけて育ち成長を続けています。木の根は、高岡で培われ大切に伝承してきた職人の技術です。会社という木を大きく育てるため、社員のアイデアやデザイナーのデザインなどの養分を与えています。昔は仏具や茶道具といった製品の実を付ける木でしたが、現在ではその実に加え、カフェや錫婚式、旅行といった種類の違う多様な実がなる木に成長しました。私たちは多くの人においしい実を食べて幸せな気持ちを与えられる木になるために、木を育て続けるのです。注意すべきなのは、根を絶やさないことです。技術という根、そして歴史や伝統といった肥沃な土壌があるということを決して忘れてはいけないのです。また、何のために木を育てているかということも忘れてはいけません。製品やサービスといったおいしい実を一つでも食べてもらうために育て続けているのです。

人にしかできない仕事に注力

マーケティングの観点では、DX（Digital Transformation）も推進していかなければならないと思います。製造業の分野では、すでにIoTをはじめとするデータ活用が進んでいます。サービス業でもデータから消費動向などを分析するデータドリブンの経営が注目され、この分野は何かとアナログな業務が多い伝統工芸の会社も取り入れていかなければなりません。

私たちの具体的な取り組みとしては、例えば、オンラインショップの購入履歴などから地域別のニーズを把握し、それを情報源として販売促進計画に反映するといったことを行っています。また、SNSを積極的に活用してライブ配信にもチャレンジしています。インスタグラムのインスタライブを使って月に1回消費者とつながるツールとして活用しています。

今後のDXという点では、今まで現場の感覚任せになりがちだった在庫や生産依頼状況の管理といった分野でも効率化ができるはずです。DXがもたらす大きな効果は、時間の使い方を変えられることだと思っています。単純業務がDXによって簡素化できれば、その時間をものづくりなどほかの業務に充てることができ、技術の向上や新しい企画を考えるなど、人にしかできない業務に使う時間を増やすこともできます。

一般論として、伝統工芸のように守ることが多い産業や現場主導の作業はDXのような新しい手法を敬遠しがちです。経営層がDX推進の旗振りをしても現場が動かず、導入が進まないという話もよく耳にします。その点で私たちが恵まれているのは、年齢の若い職人が多く、新しいものの導入に前向きであることです。現場では、この情報をデータにしたら使いやすいのではないか、スマートフォンで管理したら便利になるのではないかなどという議論が頻繁にあります。その際も、職人たちの関心度は高く、期待も大きいと感じられるのはまさに私たちの強みで、DX推進に活かさなければならないと思います。

この強みは単に職人の年齢が若いだけでなく、父の代から常に新しいことに挑戦した積み重ねも影響しています。ものづくりからサービス展開まで、私たちは新しい変化を起こし、前向きに取り入れてきました。それが社風として浸透しているため、ＤＸのような変化も彼らは興味をもちますし、変わることを楽しむ気概があるのです。

効率化が向かない仕事もある

ＤＸ推進に関しては、単純業務の効率化などではデータを踏まえた施策が重要であると思う一方、データに頼り切らない直感による経営も大事だと思っています。

直感を最も働かせているのは店舗のスタッフです。店舗での商品の見せ方や世界観の演出を例にすると、この商品を前に出したほうがいい、この特長を打ち出したほうがいいといった判断は、店舗スタッフが吸い上げた消費者の声がベースになっています。これは接客や会話といったアナログな対応だからこそ得られる情報で、店舗展開に重点を置く私たちとして、情報の吸い上げも、吸い上げた情報を店舗づくりに反映するという点でも、店舗スタッフの直感は重要だと考えています。

技術の伝承という点でもDXは扱いが難しいと思っています。大前提として伝統産業の現場はアナログな業務が多く、確かにDXは生産性向上という点で大きな効果が期待できます。製造業の人が見学に来たときに「危険を伴う業務をロボットに任せてはどうですか」「なぜ時間と労力をかけて人の手でわざわざつくっているのですか」と尋ねられたことがありました。

しかし、私はそのような効率化を最優先にすると、売上と利益が増える一方で伝統工芸が生み出す付加価値を毀損する可能性があると思っています。

思い出すのは、私が中国の鋳造工場に視察に行ったときのことです。その会社は中国に複数の拠点をもつ製造業の会社で、大量生産の設備を構えてキッチン金具やシャワーヘッドなどを生産していました。

工場を見せてもらい、まず驚いたのは人がほとんどいないことでした。オートメーションとはこういう状態を指すのだと感動するくらい、あらゆる作業が機械化、自動化、無人化されていたのです。ものづくりの工程もシステム化され、設計図を入力すればそのとおりのものが出来上がりますし、型に流し込む金属の流れもモニタリングできます。

そのときに案内してくれた人に言われたのは、日本の鋳造技術は遅れているということです。また、技術力の高さを見せるデモンストレーションとして、私たちの製品と同じものも実際につくって見せてくれました。

出来上がった製品は、私たちの製品の形を忠実に再現していました。ただ、見た目の印象は歴然の差がありました。職人の手仕事で表現される繊細さや美しさを感じられなかったのです。そのときに私は手仕事の尊さを感じ、改めて自分たちの技術と、その技術をもつ職人は宝だと思いました。設備の能力や規模に圧倒された一方で、私たちの技術や製品に自信がもてたのです。

伝統と革新で磨き続けてきた技術と感性を発揮し、高品質な製品を手づくりでつくり出すことが私たちらしさであり、木でいう根の部分です。根っこを絶やしてしまえば、実である製品もなりませんし、工場見学などの産業観光、錫婚式など新しい事業も実りません。そう思い、私は今の私たちのものづくりが私たちにとって唯一の正解なのだと確信しました。

実はその以前にも、オートメーションによる生産性向上を検討したことがありました。例えば、よく売れている製品に真鍮の一輪挿しがあります。これが常に欠品となるため、注文に即応できるように生産性スピードを上げようと試みた時期があったのです。

その方法について職人たちに聞いたところ、速くするには手をかけないのが一番だという答えが返ってきました。具体的に出てきたのは、手作業によるロクロ磨きをやめて、NC旋盤という機械で磨いて終わりにすればよいという案でした。この方法は実現性も高く、工程を変えれば生産量を倍にできます。実際につくってみると、製品の見た目はロクロ仕上げしたものとほぼ同じで、商品として市場で通用する可能性も十分にありました。

しかし、結局その方法は取り入れませんでした。普段から製品を見ていない人にはその違いがほとんど分からないかもしれませんが、NC旋盤だけで仕上げた一輪挿しは、曲線部分のなめらかさが微妙に違っていたのです。

それでもいい、と考えるのも一つの手です。しかし、これでいいと満足してしまったらそこまでで、私たちが考える美の探究もそこで終わってしまいます。より良い製品を世の中に届けるためには、過半数の人がいいと思うものでも、断らなければならない場合があります。それが伝統工芸を受け継いでいる私たちらしさであり、便利さや効率や売上が重視されるなかでも、私たちが譲ってはいけない価値なのです。

ありがとうをもらえる仕事をしたい

効率化は大切です。DXやオートメーションが有効な手段になるのは間違いありません。でも、効率化が必要な業務と効率化に走ってはいけない業務があります。現状はまだDXなどの取り組みに手をつけたばかりですが、線引きを見誤らないようにしなければなりません。

父の代から大事にしているのは、人を効率で見ないという考え方です。例えば、年間の受注額が1000万円の取引先と100万円の取引先があった場合、ほとんどの人は1000万円の取引先を優先しようと考えるでしょう。利益効率を考えれば経営判断としてもそれが妥当だと思います。しかし、私たちはそういう比較や判断をしないと決めています。会社として適正な利益を生み出すことは大事ですが、私たちには売上ではなく、技術の伝承や地域との共生、人との出会いとつながりを優先するという考えがあるからです。

これも、守り続けていかなければならない私たちらしさの一つです。また、この考え方が理解できるかどうかは、人材採用においても重要です。昨今のように効率を重視する世の中では、最小限のリソースで売上や利益を最大化できる人が重宝されます。営業なら利益率が高い商談をたくさん成立させる人、製造なら短期間でたくさんつくれる人の評価が高く、会社もそういう人を採用し、そういう人になるための教育をします。

利益追求型の企業はそれでよいと思います。競争に勝っていくためには営業力や生産性が高い人を採用するのが正解だとも思います。しかし、私たちは競争より共創を重視する会社ですから、スーパーマンのような人はおそらく社風には合いません。私たちが求めているのは、小さな仕事でも丁寧に向き合える人です。誰かをやっつけて、勝つことに喜びを感じる人ではなく、思いやりをもって接し、ありがとうと言われることを喜べる人なのです。

売上や利益効率を考えなければ経営は成り立たないと考える人もいますが、私たちはこのやり方で事業を伸ばしてきました。結果として売上も伸びました。このことからも必ずしも効率優先が正しいわけではなく、競争しなくても会社は成長するのだと分かります。感謝されるくらい喜んでもらえれば、次の取引につながりやすくなります。あの会社と取引してよかった、といった口コミが生まれ、紹介も生まれます。

産業観光はまさにこうした好循環によって成長していく事業だと思います。観光に来る人たちには、効率ではなく思いやり重視で接します。私たちを目当てに訪れる人を私たちだけが独り占めするのではなく、地域を回遊できる仕組みをつくり、自治体や周りの会社などと利益を共有します。観光需要は、思いやりをもって接することによってリピートが増えますし、リピーターの口コミによって新規の需要も増えます。地域では、私たちと共創することに価値を感じてくれる会社などが増えていきます。たくさん売ろう、効率的に稼ごうなどと考えなくても、自然と事業は育ち、ファンやパートナーも増えていくのです。

これは結果としてブランディングにもつながります。

私たちは、多くの人に認知してもらうことで自然とブランドができていくと考えています。ふと立ち寄ったレストランで私たちの錫の食器を見たり、高岡に面白い会社があるという話を耳にしたり、そういう機会を通じて私たちの存在を知ってもらうことで、私たちはブランドになっていくと思うのです。

おわりに

私たちは、高岡に400年以上伝わる技法を、100年超にわたって受け継いでいる伝統工芸の会社です。そう書くと希少な会社だと思われるかと想像します。

しかし、会社の規模や業態という点では、地方の中小企業であり製造業であり、その点では国内に存在する多くの会社と共通点をもっています。また、成長と発展を追い求め、新たな事業を生み出そうとしている会社であるという点では、製造業という業界を超えて、さらに多くの会社と共通点があると思っています。

そのことを念頭に置き、「あの取り組みの話が役に立つかもしれない」「あのときに感じたブレークスルーの感覚が誰かのヒントになるのではないか」などと想像しながら、本書は私たちのこれまでの取り組みと、業界未経験者だった私が感じた葛藤についてまとめました。

ただし、会社のあり方や地域との共生については、先代である父からの受け売りの部分もあり、自分の中でまだまとめきれていないと感じています。また、社長としてもまだスタートを切ったばかりですので、先輩経営者である読者の方々に向けては、私個人が発信できることは少なく、自分がこれからしていくことについても整理しきれていない部分があります。

本書の執筆は、改めて自分の役割について考える機会になりました。考えれば考えるほど課題は多く（その内容は、次世代へとつなぐための話として第5章にまとめました）、社長としての自分の未熟さや自分の弱い部分を直視できた気がしています。

一方で、今後の課題を並べ、頭の中にある構想や解決策の案を書くことにより、職人、社員、取引先、顧客、そして地域の人たちに向けて、会社をもっと良くしていく決意と、100年超続いてきた会社を次の世代にしっかりと引き継いでいく意志を表明できたようにも感じています。

私は未経験でものづくりの世界に入りました。その後もしばらくの間は会社を継ぐ気持ちもなく、目の前のことに没頭してきたため、後継者になることについて考える気持ちの面での余裕もありませんでした。

気持ちが大きく変わったのは、2019年に父が病気をして一時的に会社から離れたときです。それまでの私は、父がつくった土台の上で仕事をしてきました。しかし、父の病気をきっかけに、もし父がいなくなったら会社はどうなるのかとか、私は何を考え、何をすればいいのかといったことを考えるようになり、強く経営や会社の未来に目を向けるようになり、伝統産業を受け継ぎ発展させていく覚悟もできました。錫婚式をはじめとする新しい事業を積極的につくり出し始めたのもこのときからです。

「どれだけの人を幸せにできたかによって、人生の価値が決まる」

これは父がよく言う言葉です。実際、父が会社に入ってからの約40年を見ると、私を含めて社内外で幸せになった人が数多くいます。父は会社では会長職となりましたが、今も地域や伝統工芸の発展のために各地を飛び回っています。私は父の後継者として決断力と精神力を磨きながら、父のようにより多くの人を幸せにする会社に育てていきたいと思っています。

能作千春（のうさく　ちはる）

高岡市出身。神戸学院大学を卒業後、2008年に神戸市内のアパレル関連会社で通販誌の編集に携わる。2011年に家業である株式会社能作に入社。現場の知識を身につけるとともに受注業務にあたる。製造部物流課長などを経て、2016年に取締役に就任。新社屋移転を機に産業観光部長として新規事業を立ち上げる。2018年に専務取締役に就任し、能作の〝顔〟として会社のPR活動に取り組む。2023年3月20日、代表取締役社長に就任。

本書についての
ご意見・ご感想はコチラ

つなぐ
100年企業5代目社長の葛藤と挑戦

2023年4月27日　第1刷発行

著　者　　能作千春
発行人　　久保田貴幸

発行元　　株式会社 幻冬舎メディアコンサルティング
〒151-0051　東京都渋谷区千駄ヶ谷4-9-7
電話　03-5411-6440（編集）

発売元　　株式会社 幻冬舎
〒151-0051　東京都渋谷区千駄ヶ谷4-9-7
電話　03-5411-6222（営業）

印刷・製本　中央精版印刷株式会社
装　丁　　立石愛

検印廃止

Printed in Japan
ISBN 978-4-344-94184-7 C0034
幻冬舎メディアコンサルティングＨＰ
https://www.gentosha-mc.com/